Moderation

von
Joachim Freimuth

HOGREFE GÖTTINGEN · BERN · WIEN · PARIS · OXFORD · PRAG · TORONTO
CAMBRIDGE, MA · AMSTERDAM · KOPENHAGEN · STOCKHOLM

Prof. Dr. Joachim Freimuth, geb. 1951. Studium der Betriebswirtschaftslehre, Volkswirtschafts-
lehre und Betriebspädagogik an den Universitäten Bremen und Landau. 1981 Promotion. Mehr-
jährige Erfahrung in Fach- und Führungsfunktionen in der Industrie und Beratung. Seit 1996
Professor für Allgemeine Betriebswirtschaftslehre, Personalmanagement und Führung an der
Hochschule Bremen. Freiberuflicher Berater für Unternehmensentwicklung, Change Management, Führungstrainings, Coaching und Moderation.

Bibliografische Information der Deutschen Nationalbibliothek

Die Deutsche Nationalbibliothek verzeichnet diese Publikation in der
Deutschen Nationalbibliografie; detaillierte bibliografische Daten sind
im Internet über http://dnb.d-nb.de abrufbar.

© 2010 Hogrefe Verlag GmbH & Co. KG
Göttingen · Bern · Wien · Paris · Oxford · Prag · Toronto
Cambridge, MA · Amsterdam · Kopenhagen · Stockholm
Rohnsweg 25, 37085 Göttingen

http://www.hogrefe.de
Aktuelle Informationen · Weitere Titel zum Thema · Ergänzende Materialien

Umschlagabbildung: © mankale – Fotolia.com
Satz: Grafik-Design Fischer, Weimar
Druck: AZ Druck und Datentechnik GmbH, Kempten
Printed in Germany
Auf säurefreiem Papier gedruckt

ISBN 978-3-8017-1969-2

Inhaltsverzeichnis

Karten:

Checkliste für die Auswahl eines Moderators, eines
geeigneten Raums und des notwendigen Materials

Leitfragen für die Vertragsvereinbarung (Contracting)

1 Moderation und Moderator

1.1 Moderation

Die Begriffe Moderation bzw. Moderator gehören mittlerweile zum geläufigen Wortschatz, werden aber in vielfältiger und zuweilen verwirrender Weise verwendet. Manager sollen ihre Teams moderatorisch führen, Assessments zur Personalauswahl werden von Moderatoren geleitet, in Organisationen finden zahllose moderierte Workshops statt, bei größeren Problemen greift man auf einen Konfliktmoderator zurück. Auch Lehrer und Professoren werden angehalten, durch moderatorische Verfahren Schüler bzw. Studenten zum aktiven Lernen zu bringen. Und schließlich, Moderatoren führen durch Unterhaltungssendungen, offenbar sind sie auch manchmal in der Rolle des Entertainers.

Eine einheitliche und klärende Definition von Moderation erscheint angesichts dieser hier angedeuteten Vielfalt moderatorischer Tätigkeitsfelder nicht ganz einfach. Ein Blick auf die Wortursprünge hilft möglicherweise weiter. Der Begriff Moderation hängt mit den lateinischen Wörtern „Modus" bzw. „modal" und „moderat" zusammen. Modus könnte man sinngemäß übersetzen mit „Art und Weise des Geschehens". Der Aspekt „modal" bezieht sich dabei auf die methodische Seite der Moderation, „modus procedendi" bedeutet „die Art und Weise des Verfahrens". „Moderat" umfasst darüber hinaus den mäßigenden bzw. Ausgleich suchenden Aspekt moderatorischer Verfahren, unter „modus vivendi" verstehen wir eine verträgliche Übereinkunft (Ziegler, 1993). **Moderation: modal und moderat**

Dieser Blick auf die Wortursprünge deutet auf die beiden wichtigen Wirkungen, die man von Moderation erwarten kann. Sie ist auf der einen Seite ein methodisches Suchverfahren der systematischen und kreativen Problemlösung, letztlich um zu plausiblen Entscheidungen zu gelangen. Zugleich handelt es sich auch um einen Ansatz der Konfliktlösung und des Ausgleichs von Interessen der von Entscheidungen betroffenen Akteure. Moderation ermöglicht also Lösungsprozesse und Einigungsprozesse in Gruppen und macht sie gemeinsam handlungsfähig. Dabei werden Verfahren zur Strukturierung der Problemlösung eingesetzt, ebenso wie Konzepte zur Einigung und Verständigung. Beides kann aus eigenen Kräften in der Gruppe offenbar nicht oder nur unvollkommen bewerkstelligt werden, in der Regel, weil die Akteure zu sehr mit den Inhalten bzw. mit sich selbst beschäftigt und somit nicht in der Situation sind, auf ihren Prozess der Problemlösung und Einigung selbst zu schauen und ihn zu steuern. Diesen sowohl Lösung als auch Konsens stiftenden Impuls auf unentschiedene Probleme und Konflikte in Gruppen von Entscheidern erwartet man von einer Moderation. **Unbefriedigende Sitzungen**

Tatsächlich verlaufen unzählige Sitzungen in Organisationen aller Art in Sackgassen und ohne befriedigende Ergebnisse. In Projekten sitzen quali-

1

fizierte Experten und haben Schwierigkeiten, sich zu verständigen, Management-Teams versuchen, ihre strategischen Ziele zu formulieren, es dominieren aber mikropolitische Interessen. Wir haben es dort ständig mit Gruppen von Entscheidern zu tun, die anspruchsvolle, komplexe und konfliktreiche Probleme lösen müssen und daher auf Dialog, Einigungsfähigkeit und Konsens angewiesen sind, um handlungsfähig zu werden. Sie stoßen dabei auf Probleme ihrer Kooperation und Kommunikation, die sie oft nicht erkennen und noch seltener selber lösen können. Mehr noch, die Probleme verschärfen sich häufig sogar noch, etwa durch den Ruf nach starker Führung, deren Lösungen aber später von den Betroffenen nicht getragen werden.

Entscheidungen Vereinfacht gesagt, besteht die Rolle von Führung in Organisationen darin, das kollektive Handeln ihrer Mitglieder so auszurichten, dass die organisatorischen Ziele mit den verfügbaren Mitteln erreicht werden. „Führung ist zielbezogene Einflussnahme" (Rosenstiel, 2003, S. 4). Das ist nur möglich, wenn kohärente Signale an die Mitglieder gesendet werden. Grundlage dafür sind letztendlich immer *Entscheidungen*. Organisationen sind aus dieser Sicht kommunikative Prozesse, in denen Entscheidungen, also operative Ereignisse, fortwährend verknüpft werden und die Differenz zur Umwelt immer wieder hergestellt wird (Jung & Wimmer, 2009, S. 108). Allen organisatorischen Handlungen auf allen Ebenen gehen Entscheidungen voraus. Sie sind der Auswahlprozess, der zur Handlung führt (Simon, 1981, S. 47). Das sind immer weniger „einsame Entscheidungen", sondern Entscheidungen in Gruppen, in denen die Mitglieder über verschiedene Sichten und Interessen verfügen. Es sind auch keine rationale Entscheidungen, da die ihr zugrunde liegende Komplexität nicht beschrieben werden kann, mehr noch, je komplexer ein zu lösendes Problem ist, desto weniger rational kann es bearbeitet werden (Schimank, 2005 und 2009). Darüber hinaus müssen Konflikte gelöst und widersprüchliche Interessen gegeneinander abgefedert werden (March, 1990, S. 9). Wie daher Malik (2008, S. 291 f.) betont, werden Entscheidungen in den vorgesehenen offiziellen Gremien eher abgesegnet, selten wirklich getroffen. Entscheidungen werden ihnen zugerechnet und das muss auch so sein, aber sie kristallisieren sich bereits weit vorher in zahlreichen, mehr oder weniger unsichtbaren und ungesteuerten Abstimmungsprozessen in Organisationen „in einer Art Entscheidungschemie" (Luhmann, 2000, S. 140) heraus.

Moderation könnte man dann als ein Verfahren sehen, diese sich selbst regulierenden Vorgänge in Organisationen gleichsam in Raum und Zeit zu bündeln, etwa in dem die für die Entscheidung relevanten Akteure in einem Workshop gemeinsam nach Lösung und Einigung suchen. Die Rolle des Moderators besteht lediglich darin, diese Fähigkeit zur Selbstorganisation innerhalb dieser Veranstaltung durch Fragen und gezielte Interventionen anzuregen.

Die Voraussetzung solcher Vorgehensweisen zur Entscheidungsfindung ist – das war die Entdeckung der sozialwissenschaftlich orientierten Manage-

2

ment- und Organisationsberatung in den 60er- und 70er-Jahren – gelingende *Kommunikation* (Trist & Murray, 1990). Kommunikation wurde dort zum zentralen Konzept, „die nicht mehr nur als Mittel zum Zweck genommen wird, sondern zum Mittel ihrer selbst gemacht wird, zum Zweck der Gewinnung größerer Spielräume, höherer Beweglichkeiten, intelligenterer Variation, bereitwilligerer Disposition über vermeintliche Sicherheiten" (Baecker, 2003, S. 21).

Kommunikation

Diese Verlagerung der Aufmerksamkeit auf die Kommunikation in Gruppen von Entscheidern ist aus zwei Gründen wichtig:

- Die Entscheider müssen mit zunehmender *Komplexität* umgehen. Die Fähigkeit dazu hängt von der systematischen und kreativen Vernetzung des Wissens und der Erfahrungen aller Beteiligten ab (Moderation als modus procedendi). Die Realität an sich ist nicht komplex, „sie ist, was sie ist" (Baecker 1998, S. 24), Komplexität hat etwas mit der Fähigkeit sozialer Systeme zu tun, Dinge miteinander zu verknüpfen und Beziehungen herzustellen, was nur durch Kommunikation zu bewerkstelligen ist. Eine gute Entscheidung, die keinesfalls jeden Anspruch an Vernunft aufgeben muss, beruht auf der Kompetenz, die unterschiedlichen Perspektiven und Problemdeutungen aller Entscheidungsbeteiligten und -betroffenen aufzunehmen (Schimank, 2009, S. 58).

Komplexität

- Zweitens sind bei Entscheidungen immer Interessen und *Konflikte* im Spiel, die die Einigung in der Gruppe erschweren. Man muss davon ausgehen, dass Akteure in Organisationen ihre Ressourcen, inklusive ihrer Informationskontrolle, als Mittel zur Verfolgung ihrer eigenen Interessen nutzen (March, 1990, S. 7) Hier kommt es darauf an, gleichwohl einen Dialog sicherzustellen und Eskalationen von Konflikten zu verhindern (Moderation als modus vivendi).

Konflikte

Die klassischen Formen der Aufbau- und Ablauforganisation reduzieren Komplexität und Konflikte durch Normen, Strukturen, Regeln und Routinen. Sie gehen davon aus, dass an jeder Stelle die richtige Information verfügbar und die passende Kompetenz vorhanden ist, um die dort vorgesehenen individuellen Entscheidungen zu treffen. Je komplexer jedoch die Ausgangslagen werden und je mehr Interessen berührt sind, umso deutlicher zeigen sich die Beschränkungen dieses Modells. Entsprechend haben sich organisatorische Strukturen intern ausdifferenziert und die Außengrenzen von Organisationen sind durchlässiger (Picot, Reichwald & Wigand, 1996). Entscheidungen werden zu Gruppenprozessen, in Führungsteams, Matrix-Strukturen oder Projektteams. Gruppen in den verschiedensten Konstellationen werden als konstitutive Faktoren in Organisationen gesehen, um zu plausiblen Entscheidungen zu kommen. Sie schaffen jene Orte, „wo für individuelle Interessenslagen geworben werden kann und zugleich die Chance entsteht, sich zugunsten einer fürs Gesamte besseren Lösung vom ursprünglichen Standpunkt zu lösen" (Wimmer, 1998, S. 121). Sie sind auf Dialog und Reflexion angewiesen und darauf, diese Kompetenz stetig weiter zu ent-

Mehrdimensionale Organisationen

3

wickeln. Das Ziel dieser offeneren und auf Verständigung ausgerichteten Strukturen besteht letztlich darin, die Integrität des Entscheidungsprozesses zu bewahren (Prahalad, 1988, S. 115).

Dieses Ziel stößt jedoch auf eine immanente Schwierigkeit, weil die notwendige kommunikative Kompetenz und ihre stetige Entwicklung in Kategorien wahrgenommen werden muss, die zugleich ihre Verstrickungen hervorbringt und Lösungsdialoge erschwert. Benötigt wird daher ein kritisches Verfahren, das die Fähigkeit der Entscheider, die Unterschiedlichkeit der versammelten *Wahrnehmungen* zu beobachten, ihre Kommunikation darüber zu reflektieren und zu entwickeln, nachhaltig anregt. Das ist der Kern von Moderation. Mehr kann sie letztlich aber auch nicht leisten, weil sie sich selbst im Rahmen eines Referenzsystems bewegt (Müller, Nagel & Zirkler, 2006), dass keinen bevorzugten Anspruch auf Geltung anmelden kann (Simon, 2002, S. 145). Anregende Rückkopplungen und Impulse aus der Moderation beruhen gleichermaßen nur auf begrenzten Selektionen und subjektiven Beobachtungen. Alles was dort passiert, so könnte man lapidar zusammenfassen, ist vorläufig. Jede derartig getroffene Entscheidung kommuniziert damit zugleich auch die Kritik an sich selber, d. h., es hätte auch anders kommen können (Luhmann, 2000, S. 142). Darin liegt aber zugleich die Aufforderung und die Chance, im Dialog zu bleiben und nicht aufzugeben, Sichtweisen zu verändern und neue Perspektiven einzuholen.

Wahr-nehmungen

Fasst man die Grundgedanken dieser Skizze zusammen, kristallisieren sich für das Verständnis von Moderation folgende Konstrukte heraus, die für das Verfahren grundlegend sind:

Konstrukte für das Verständnis von Moderation
– Entscheidung – Ein inkrementaler Prozess der Verständigung über bzw. der Aushandlung und Auswahl zwischen Handlungsoptionen – Komplexität – Verknüpfungsfähigkeit und Beziehungen zwischen den Elementen eines Systems – Konflikt – Die Wahrnehmung der Unvereinbarkeit von Interessen in Interaktionen – Kommunikation – Wiederkehrende Muster im sozialen Austausch zwischen Individuen oder Gruppen – Wahrnehmung – Die jeweiligen Beobachterperspektiven der Mitglieder sozialer Systeme

Durch die Zusammenführung dieser verschiedenen Aspekte ergibt sich der folgende Vorschlag für eine mögliche Definition von Moderation:

Moderation ist die Beobachtung und die Anregung zur Entwicklung der Kommunikation sowie der Reflexion über die Wahrnehmungsformen und Interaktionen in Gruppen von Entscheidern, um die dort vorhandenen Ressourcen zur Bewältigung von Komplexität zu nutzen sowie auftretende Konflikte zu regeln, mit dem Ziel, gemeinsame und sachgerechte Entscheidungen zu treffen und kollektive Handlungsfähigkeit herzustellen.

Die Entfaltung und Reduktion der Problemkomplexität, um zu einer sachdienlichen Lösung zu kommen, lässt sich idealtypisch analog der klassischen Phasen eines Problemlösungsprozesses begreifen, wobei die lineare Darstellung nicht suggerieren soll, dass es sich um eine logische Schrittfolge handelt. Es gibt solche Sichten (Vetter, 1999a), die primär aus der technischen bzw. betriebswirtschaftlichen Problemlösung stammen (vgl. Adam, 1997). Sie simplifizieren jedoch die reale Dynamik, die eher als ein inkrementaler Versuchs- und Irrtumsprozess zu begreifen ist (Gomez & Probst, 1995, S. 13). Besser kann man kollektive Problemlösung als „konsensuelle Validierung", als einen Konstruktionsprozess begreifen, deren „Rohmaterial mehrdeutige Informationen" sind, mit dem Ziel sie zu einem „Grad der Eindeutigkeit umzuformen, mit dem gearbeitet werden kann" (Weick, 1985, S. 15 f.). Er ist allerdings auch nicht völlig chaotisch. Entscheider werden nicht darum herumkommen, sich früher oder später ein gemeinsames Bild der vorliegenden Problematik sowie der unterschiedlichen Ziele bzw. Zielkonflikte zu machen, sich über mögliche Optionen zu verständigen, diese zu bewerten und schließlich zu einer letzten Entscheidung zu kommen.

Problemlösungszyklus

Den Verlauf der Konfliktlösung in der Gruppe kann man sich in erster Annäherung anhand des bekannten Modells von Tuckman (1965) vorstellen, das ursprünglich aus Therapieansätzen und Verhaltenstrainings stammt (Simon, 2003). Analog wird man sagen können, dass Gruppen in offenen Entscheidungen anfänglich immer nach ersten Orientierungen (Forming) suchen, früher oder später Konflikte auftreten (Storming), bei einer gelungenen Moderation kooperative Spielregeln entwickeln (Norming) und schließlich am Ende ihrer Zusammenkunft in irgendeiner Form auch Handlungsfähigkeit hergestellt (Performing) haben (ausführlichere Informationen bei Stahl, 2002 sowie Sencar, 2004). Das ist gleichfalls kein sequenzieller Prozess. Konflikte lösen immer Emotionen aus und führen leicht zu Handlungen, die von anderen Akteuren als nachteilig für sie wahrgenommen werden (Mayer, 2007, S. 21 f.), was die Einigung nicht eben erleichtert.

Modell von Tuckman

Abbildung 1 fasst diese ersten Überlegungen zusammen und deutet an, dass Moderation nicht im verengten Sinne als simple Workshop-Technik oder gar als „Kärtchen-Methode" begriffen werden kann, sondern im Kontext eines elaborierten Modells von Steuerung, Führung bzw. Entscheidung (Trebesch, 1996). Es ist der Versuch, wachsender Komplexität und Konflikten in Entscheidungen neu zu begegnen. Ihre Vorläufigkeit und Fragilität

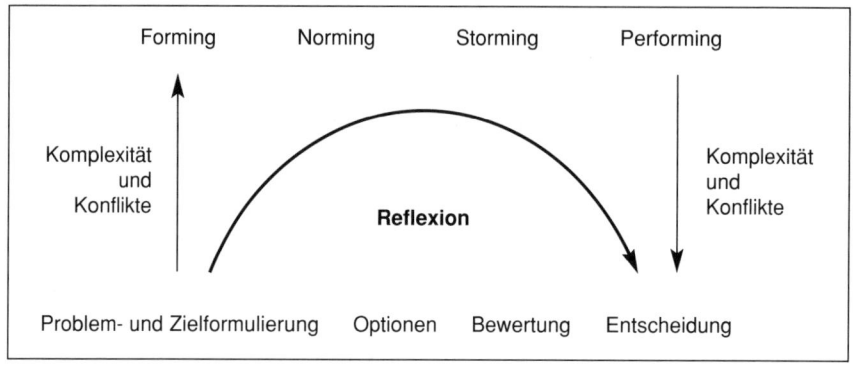

Abbildung 1:
Moderation von Entscheidungsprozessen

wird dabei eingerechnet. Erforderlich ist daher ein offener und transparenter Prozess des gemeinsamen Ringens in der Gruppe der Betroffenen (Meyersen, 1992), der von den Beteiligten zugleich immer hinterfragt werden kann und muss. Gerade daraus erhält die Entscheidung letztlich die notwendige Geltung und Legitimität. Es ist ein Vorgang, der zuweilen „quälend langsam zu sein scheint und oft frustrierend auf bestimmte Managementgruppen wirkt" (Prahalad, 1988, S. 116). Es geht schließlich dabei nicht um rationale oder „richtige" Entscheidungen, sie erscheinen den Beteiligten eher plausibel und tragfähig. Letztlich müssen sie innerhalb der Erlebenswelt der Betroffenen Sinn machen und dabei unterstützen, dass sie in pragmatischer Weise ihre Ziele erreichen (Glasersfeld, 2002).

Moderation entstand aus dem Erleben der Unfruchtbarkeit unvermittelter Positionen und der Beobachtung des Scheiterns ausgefeilter Rhetoriken und starrer Grammatiken, die nur auf machtvolle Durchsetzung zielten (Freimuth, 1991), nicht auf Öffnung oder Konsens. Die vorherrschende rhetorische Figur der Moderation ist daher das Stellen von Fragen und das In Frage stellen (Dickson & Hargie, 2006) sowie die Reflexion in der Gruppe darüber was genau daraufhin passiert (Dickson, 2006). Moderation bewegt sich daher an den dialogischen Grenzen zwischen hermetischen Systemen und schaffen dort Zwischenräume für einen erweiterten Horizont und neuen Austausch. Eingeschlossen ist Fragilität und mögliches Scheitern, das neue Gelingen ist keinesfalls ausgemacht. Für eine fruchtbare Moderation ist diese Spannung wichtig. Sie hält die Gruppe in ihren konstruktiven Suchbewegungen. Grenzgänge bilden die Bedingung der Möglichkeit, dass Moderation gelingen kann, weil dort die kreativen Spannungen für *emergente* Prozesse erwachsen, sich bislang Unverbundenes verbindet und neuartige Muster generiert werden. Das bedeutet auch, dass die Ergebnisse *kontingent* sind, also anders hätten ausfallen können. Ihre Legitimität entsteht aus dem gemeinsamen Prozess, den der Moderator beobachtet und durch Fragen und Feedback in einer sich selbst organisierenden Bewegung hält.

Emergenz und Kontingenz

6

1.2 Moderator

Die Bezeichnung Moderator etablierte sich in der professionellen Diskussion erst nach einigen Irrungen und Wirrungen. In einer frühen Arbeit (Bennis & Schein, 1975, erstmals 1965) wurde etwa der Begriff „Innovationsagent" verwendet. Seine Kompetenz sahen die Autoren in besonderen soziotherapeutischen Kenntnissen und Fähigkeiten. Später hat sich in der angelsächsischen Sprachwelt die Bezeichnung „Facilitator" durchgesetzt. In der deutschen Diskussion, die beginnend in den 60er-Jahren vornehmlich in der Beratergruppe *Quickborner Team* geführt wurde, verwendete man zur Bezeichnung der Rolle zunächst den Begriff „Team-Kybernetiker". Die Verwendung dieses Begriffs verweist auf die dortige Rezeption der vor allem in den USA geführten interdisziplinären Diskussion über die Bedeutung von Information, Kommunikation und Feedback für die Evolution von Systemen (Heims, 1991). In Deutschland war das weniger eine intellektuelle Auseinandersetzung, es ging dort mehr um den praktischen Umgang in der Beratung von sozialen Systemen bei komplexen Planungen und Entscheidungen. Der Team-Kybernetiker sollte neben den traditionellen Beratern bzw. „Planern" treten bzw. diese ersetzen. Sein erklärtes Ziel sollte es sein, die späteren „Benutzer", die „Beplanten" oder auch die „Duldenden", im Prozess „irgendwie" einzubeziehen (Freimuth, 1996b). Eine Zeit

Entwicklung des Begriffs Moderator

Abbildung 2:
Moderator bei der Erläuterung von Resultaten

7

lang wurde für diese sich neu herauskristallisierende Rolle auch die Bezeichnung „Trainer" verwendet, die aber den Kern dieser Funktion ebenfalls nicht traf. Es geht ja nicht um die Vermittlung von Inhalten, sondern um eine neutrale Rolle, die Prozesse der Einigung in Gruppen von Entscheidern anzuregen.

Die Einigung auf den Begriff „Moderator" setzte sich im Quickborner Team schließlich durch, weil die besondere Bedeutung dieser Rolle mehr und mehr in der modulierenden bzw. katalysatorischen Wirkung in Diskursen von Entscheidern gesehen wurde. Man arbeitete daran, die Entscheidungsträger in zahlreichen sog. Entscheidertrainings in einer eigens zu gründenden Entscheiderakademie für diese neue Funktion auszubilden. Dieser Gedanke wurde von Metaplan® und ComTeam, zwei Berater-Gruppen die aus dem Quickborner Team hervorgingen, schließlich ersetzt durch differenzierte Moderatoren-Trainings. Sie zielten darauf, nicht das Management, sondern eigenständige Moderatoren auszubilden. Es war beabsichtigt, eine neue Führungsrolle zu etablieren, die sich von den bisherigen Rollen signifikant unterscheiden sollte. Die Begründung für diese strikte Trennung zwischen Moderatoren und Managern wurde in der immanenten Widersprüchlichkeit beider Rollen gesehen, die nur mit einer erheblichen Reflexionsfähigkeit und Rollenbewusstheit von einer Person zeitgleich aufgelöst werden könne. Diese Sicht hat sich später wieder etwas relativiert, auch von Führungskräften wird heute eine ausgeprägte moderatorische Kompetenz erwartet.

Tabelle 1:
Rollen und Aufgaben des Moderators

Problemlösung	– Gesprächsführung durch Fragen – Visualisierung des Diskussionsfortschrittes der Gruppe – Kreativität erzeugen – Zielorientierung in der Diskussion im Auge behalten – Ergebnisse systematisieren und sichern
Konfliktlösung	– Unterschiede transparent machen – Störungen ansprechen – Teilnehmer einbeziehen – Interessen offen legen und Optionen für Einigung ausloten – Spielregeln vorschlagen und entwickeln
Reflexion	– Feedback geben und Feedbackfähigkeit entwickeln – Kommunikation beobachten und auf blockierende Muster hinweisen – Aufmerksamkeit auf den Prozess lenken – Sich zurücknehmen und der Gruppe ihren Erfolg erleben lassen

Es gibt viele Versuche, um Rollen und Aufgaben des Moderators zu beschreiben (Böning, 1994; Suter, 1999; Klebert et al., 2002; Briegel, 2002;

Hartmann et al., 2003). Tabelle 1 gibt einen Überblick, basierend auf den bisherigen Darlegungen. Es wird immer wieder betont, dass Moderation nicht zuletzt eine Frage der inneren Haltung ist, die sich aus der Aufgabe im Zusammenspiel mit der eigenen Persönlichkeit zu einem sehr individuellen Stil komponiert. So wird es möglich, die methodischen Möglichkeiten variabel und intuitiv einzusetzen, sodass diese eher in den Hintergrund verschwinden und gar nicht wahrgenommen werden. Die Rolle ist tendenziell wirkungsvoller, je unauffälliger sie entfaltet wird.

Zusammenfassend kann man die innere Haltung des Moderators folgendermaßen beschreiben (Klebert, Schrader & Straub, 1987, S. 117):

Haltung des Moderators

- Er stellt seine eigenen Meinungen, Ziele und Werte zurück, es gibt für ihn in der Moderation kein „richtig oder falsch".
- Er nimmt eine fragende, keine behauptende Rolle ein.
- Er ist sich seiner Grenzen bewusst, übernimmt für sich die Verantwortung und regt zur Selbstverantwortung an.
- Er fasst alle Signale aus der Gruppe als Hinweise auf, den Prozess zu verstehen und ihn der Gruppe bewusst zu machen.
- Er rechtfertigt sich nicht, sondern löst Klärungen dahinter liegender Konflikte und Probleme aus.
- Er bringt allen Gruppenmitgliedern Wertschätzung entgegen, ungeachtet ihrer Position oder Rolle.

Drei dieser Aspekte sollen in diesem Zusammenhang noch einmal besonders hervorgehoben werden:

Um zu einer Einschätzung für eine geeignete Intervention zu kommen, müssen sich Moderatoren auf ihre Gruppe einlassen und mit ihr verbunden sein. Andererseits heißt „sich einlassen" nicht, in der Gruppe aufzugehen oder gar ein Teil von ihr zu werden. Diese Balance zwischen *Nähe und Distanz* lässt sich durch das Einnehmen einer fragenden Haltung hinbekommen, darüber hinaus durch Selbstreflexion und Feedback aus der Gruppe. Immer wieder stößt man gerade hier an eigene Grenzen, etwa wenn die Gruppe dem Moderator Rollen zuweist, für die sie selber verantwortlich wäre. Regelmäßige Supervision und Qualifizierung ist daher für die ständige Professionalisierung des Moderators unumgänglich.

Nähe und Distanz

Teil der Rolle ist auch eine *normative Orientierung*, der strikte Glaube an das Problem- und Konfliktlösungspotenzial und die Ressourcen jedes Gruppenmitgliedes und jeder Gruppe sowie die Überzeugung, dass Kooperation langfristig zum Erfolg führt (Freimuth & Elfers, 1992). Diese Überzeugung impliziert allerdings nicht die naive Unterschätzung von Machtspie-

Ressourcenorientierung

9

len und politischen Realitäten in Organisationen. Einigungsprozesse können daran immer wieder scheitern.

Katalysator Die Bedeutung des Moderators ist schließlich oft mit der Funktion des *Katalysators* in chemischen Reaktionen verglichen worden. Mit der Beendigung des Prozesses sind seine Spuren nicht mehr sichtbar. Die Rolle des Moderators ist ähnlich zurückhaltend und bescheiden, aber gerade daher nachhaltig, weil sie der Gruppe Raum und Zeit lässt. Es ist nicht die Rolle der großen Gesten und der inszenierten Auftritte (Freimuth, 1996a).

1.3 Moderation – Abgrenzung zu ähnlichen Konzepten

Moderation ist inzwischen ein integraler Bestandteil moderner Führungskultur geworden. Sie hat zudem den Weg geebnet und ist oftmals ein unbemerkter Teil einer Vielzahl von anderen Formen von Verfahren und Konzepten, die auch Lösungswege für komplexe und konfliktreiche Entscheidungen und die Steuerung von modernen Organisationen anbieten (Cohen & Bradford, 2005).

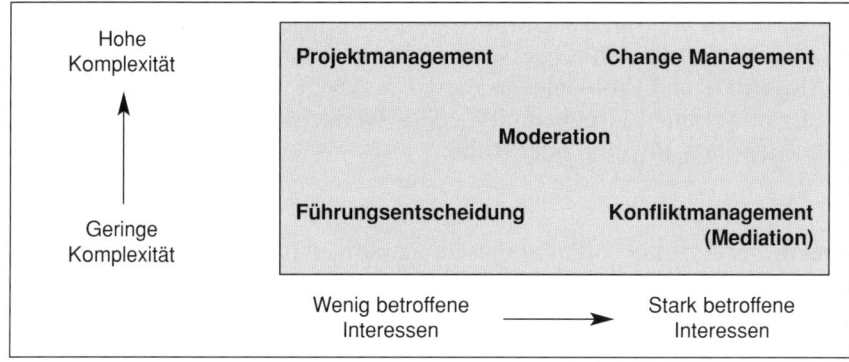

Abbildung 3:
Moderation und verwandte Konzepte

Führung und Moderation Die Grenzen zur Moderation sind sicher unscharf und nicht einfach zu beschreiben, können aber prinzipiell wie in Abbildung 3 bezeichnet werden. Die moderne Führungsrolle wird – zumindest theoretisch – schon seit einigen Jahren nicht mehr im Sinne des einsamen hierarchischen Entscheiders begriffen und beschrieben (Schnelle & Freimuth, 1987). Sie ist vielmehr Teil einer auch und zunehmend auf Verständigung und Ausgleich angewiesenen Führungskultur mit vielfältigen Rollenanforderungen. Im Verhältnis zu den Mitarbeitern kommt zur Rolle des Managers als Entscheider etwa die des Coaches hinzu (Benien, 2009). Eine moderierende Rolle nehmen Führungskräfte auch in Entscheidungssituationen ein, wenn sie im Dialog

10

darauf angewiesen sind, die Expertise ihrer Mitarbeiter zu nutzen, weil sie naturgemäß nicht so in den Details stecken können und sollen, wie ihre Fachleute (Wenger, McDermott & Snyder, 2002). Führungskräfte geraten jedoch in Konflikte und verlieren Glaubwürdigkeit, wenn sie ihre unterschiedlichen Rollen nicht auseinander halten und für die Mitarbeiter nicht nachvollziehbar gestalten können. Eine verantwortliche Führungskraft, die zugleich eigene Teamsitzungen moderiert, benötigt ein hohes Maß an Selbstaufmerksamkeit. Je höher das fachliche Interesse und die emotionale Betroffenheit in einer Entscheidungssituation sind, um so eher empfiehlt es sich daher, einen neutralen Moderator hinzuziehen, der mit der notwendigen Distanz und Professionalität den Prozess zu gestalten weiß.

Projektmanagement ist eine auf die Lösung komplexer Sachfragen gerichtete Form der Führung und Koordination, die vor allem im Kontext des Bedeutungsgewinns wissensbasierter Ökonomien und dem wachsenden Einfluss von Experten auf die Wertschöpfung zu begreifen ist. Für komplexe Entscheidungen, die in klassischen Strukturen noch in Stäben vorbereitet werden konnten, müssen nun Experten aus verschiedenen Funktionen und Ebenen zusammengebunden werden, deren Sachkunde und Engagement unverzichtbar ist. Das vorherrschende Repertoire im Projektmanagement besteht primär aus Planungs- und Kontrollmethodiken, die dem Projektleiter helfen sollen, das technische Geschehen, kritische Termine und die wirtschaftlichen Ergebnisse zu steuern. Der Projektleiter wird – im Gegensatz zum Moderator – an Inhalten und Ergebnissen gemessen. Zweifellos wurde der methodische Fundus durchaus schon in früheren Ansätzen des Projektmanagements um moderatorische Ansätze ergänzt (Heintel & Krainz, 1988), aber selbst in umfassenden Werken zum Thema hat man den Eindruck, dass das Thema Führung und Teamdynamik eher ein Anhängsel ist (z. B. Turner & Simister, 2000). Die Gemeinsamkeit zur Moderation besteht darin, dass in Projekten gleichfalls hierarchische Führungsfunktionen suspendiert sind und eine neue Führungsrolle entsteht, die beteiligungsorientiert ausgerichtet ist und sich nicht über Positionsmacht legitimieren kann. Von daher erscheint moderatorische Kompetenz unverzichtbar.

Projektmanagement

Den Ansatzpunkt für *Konfliktmanagement* bilden nicht sachliche Differenzen, sondern die Unterschiedlichkeit von Interessen, die hinter den verdinglichten Positionen der beteiligten Parteien liegen, zum Teil unbewusst, zum Teil verborgen (Fisher et al., 1997). Das Ziel von Konfliktmanagement besteht zunächst darin, die Eigenbeteiligung der Parteien an Konflikten bewusst zu machen. Die Konfliktparteien in eskalierten Konflikten nehmen nicht mehr wahr, was geschieht, sondern lediglich, was sie ohnehin schon zu wissen glauben (Simon, 2001). Daher besteht ein großer Teil des Konfliktmanagements zumindest anfänglich nicht aus direkten Gruppeninteraktionen. Es beruht vielmehr auf Sondierungen mit der bewussten Suspendierung des unmittelbaren Austausches (Freimuth, 2001), bis die kritische Reflexionsfähigkeit der Konfliktbeteiligten sich soweit entwickelt hat, dass

Konfliktmanagement

11

wieder Begegnungen zwischen ihnen möglich sind, ohne das Risiko weiterer destruktiver Eskalationen. Der Konfliktmanager bewegt sich zunächst vornehmlich zwischen den Gruppen, der Moderator in der Gruppe. Die Entscheidung, ob für die Lösung eines Problems ein Moderator oder ein Konfliktmanager hinzugezogen werden sollte, hängt vom Eskalationsgrad des Konfliktes ab (Glasl, 1990).

Change Management

Schließlich hat Moderation heute Eingang gefunden und ist auch beeinflusst von breiter angelegten Konzepten des *Change Management* (Freimuth, 2005). Diese umfangreicheren Beratungsansätze werden benötigt, wenn Organisationen sich proaktiv oder getrieben mit ihren kompletten Strukturen, Strategien, Prozessen und kulturellen Mustern auf ein verändertes Umfeld einstellen müssen. Sie basieren auf Konzepten des geplanten Wandels und einer auf das gesamte System gerichteten „Change-Architektur" (Königswieser & Exner, 1998). Ihre Leitbilder stimmen mit denen der Moderation überein, etwa Betroffene zu Beteiligten zu machen sowie nicht im System, sondern am System zu arbeiten (Doppler & Lauterburg, 1994). Man kann sicherlich sagen, dass die Erfindung der Moderation in Deutschland über und mit den verschiedenen Ansätzen der Organisationsentwicklung einer der Wegbereiter für Change Management war (Übersicht: Trebesch, 2000). Ohne den Einsatz der unterschiedlichen Formen von Moderation ist kein nachhaltiger Change Prozess mehr vorstellbar.

Beziehungs- und Sachaspekt

Die Konzepte der Moderation erhielten ihre Bedeutung aus dem Bemühen, zwei Seiten gerecht zu werden, dem *Beziehungs- und dem Sachaspekt* von Entscheidungen, Interessenskonflikten, Machtspielen und Komplexität. Das entspricht den Erfordernissen der betrieblichen Praxis und erklärt den hohen Verbreitungsgrad der Moderation. Zugleich erzeugt diese Positionierung der Moderatoren „zwischen den Linien" aber eine Schwierigkeit. Von eher beziehungsorientiert und gruppendynamisch arbeitenden Beratern wurden sie als methodengläubige Technokraten gesehen, während die primär analytisch ausgerichteten Kollegen Moderation ebenso undifferenziert als „Psychoquatsch" abtaten. Beide Sichtweisen sind gelegentlich noch zu finden, aber es sind polarisierende und überholte Positionen.

1.4 Der Moderator – Abgrenzung zu ähnlichen Konzepten

Eine Präzisierung der moderatorischen Rolle musste sich gleichfalls erst in der Abgrenzung zu anderen Rollen herauskristallisieren (siehe Abb. 4).

Der *Fachberater* kommt zum Zuge, wenn es eher um fachliche komplexe Entscheidungen geht, *Konfliktberater*, wenn Verhalten und Macht im Vordergrund steht, etwa im Rahmen von Teamentwicklungen oder eskalierter Konflikte. Die Rolle der *Trainer* variiert, je nachdem ob es um fachliches

12

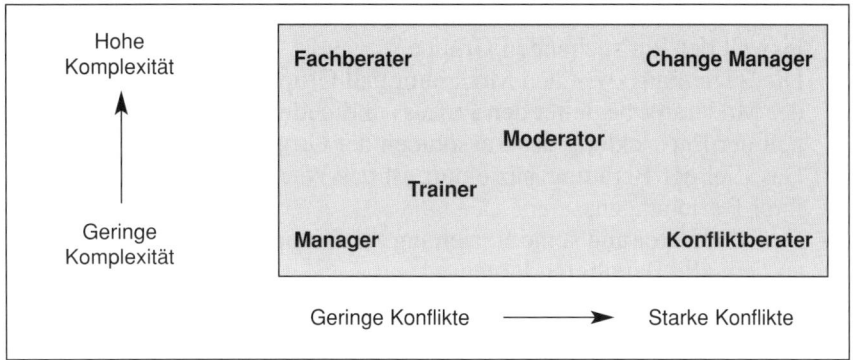

Abbildung 4:
Abgrenzung der Moderatoren-Rolle

oder verhaltensbezogenes Training geht. In jedem Fall arbeitet er in einem geschützten pädagogischen Raum, von dem aus das Gelernte in die Praxis transferiert werden muss (erweiterte Sicht: Schulz von Thun, 2009). Die *moderatorische Rolle* hat gemeinsame Wurzeln mit dem, was den frühen Jahren der Organisationsentwicklung als *Aktionsforschung* (French & Bell, 1977, S. 110 ff. sowie Freimuth & Hoets, 1995) bezeichnet wurde. Es ist ein Beratungsansatz, der Beziehungs- und Sachebene integriert und auf der Einsicht beruht, dass in sozialen Systeme Veränderungen nur angeregt werden können, wenn man die Mitglieder des Systems in den Untersuchungsprozess selbst einbezieht (Argyris & Schön, 1999, S. 60 ff. und Schein, 2000, S. 20). *Change Manager* kommen ins Spiel, wenn derartige Prozesse längerfristiger angelegt sind und umfassende Veränderungen von Strategien, Strukturen oder Kulturen initiiert werden sollen (Doppler, 2003).

Moderation als Aktionsforschung

Das Ziel moderatorischer Interventionen besteht in jedem Fall darin, „Hilfe zur Selbsthilfe" zu geben, der Moderator macht sich früher oder später überflüssig, das ist die erklärte Absicht dieser Beratungsbeziehung. Das bedeutet insbesondere, dass im Gegensatz zur klassischen Fachberatung die Kunden die Definitionsmacht nicht abgeben, was ihr Problem ist und wie mögliche Lösungen aussehen (Freimuth, 2003), im Gegenteil. Moderation gehört zu den „helfenden Beziehungen" (Nußbeck, 2006, S. 109 ff.). Ihr Leitbild ist in der durch Carl Rogers begründeten *humanistischen Psychologie* verwurzelt und beruht auf den folgenden Grundsätzen (Roth, 2006):

Hilfe zur Selbsthilfe

Grundsätze der humanistischen Psychologie nach Carl Rogers

– Im Vordergrund stehen nicht Theorien und Techniken, sondern die wertschätzende Haltung des Moderators, die er gegenüber der Rat suchenden Gruppe einnimmt.

- Ausgangspunkt der moderatorischen Arbeitsbeziehung ist die Erlebniswelt der Rat suchenden Gruppe.
- Die Beziehung zwischen Moderator und Gruppe ist gleichberechtigt; der Moderator begleitet den Prozess und widmet seine Aufmerksamkeit der Entwicklung der Ressourcen der Gruppe.
- Das Ziel der Beratungsbeziehung ist das Wachstum der Gruppe und ihrer Beziehungen.
- Der Moderator und seine Beziehung zur Gruppe ist dabei ein Modell, an dem alle Beteiligten lernen.

Einen guten Moderator bemerkt man oftmals nicht, das ist eine Beschreibung, die man häufiger hört. Er drückt durch seinen Gestus und Habitus gleichsam das suchende und tastende „Stolpern und Stottern" (Freimuth, 1991) der Gruppe auf dem Weg zu ihrer Verständigung aus, während man von einem Fachberater eher klare Antworten verlangt (kritisch dazu: Königswieser, Sonuc & Gebhardt, 2006).

1.5 Bedeutung für das Personalmanagement und Führung

Die Verbreitung der Moderation seit den 60er-Jahren erfolgte in Stufen. Von entscheidender Bedeutung waren die 70er-Jahre, wo im Gefolge der großen Nachfrage nach Moderation der Bedarf nach mehr ausgebildeten Moderatoren in den Unternehmungen entstand. Mit der Notwendigkeit, Moderation zu lehren, mussten die Konzepte didaktisch aufbereitet und auf einfache Prinzipien reduziert werden. So wurden Tausende von Moderatoren ausgebildet, die die Methoden und ihre Philosophie verbreiteten. Von dort aus hat sie zunächst Trainingskonzepte sowie Qualifizierungs- und Bildungsarbeit in den Unternehmen beeinflusst. Die Veränderung von Führung und Unternehmenskulturen durch Moderation war und ist ein dorniger Vorgang. Sie zeigt sich u. a. darin, dass Entscheidungen heute schon deutlich selbstverständlicher moderiert werden, wenn ein Konsens in weiter Ferne liegt, etwa in Projekten oder wenn sich Führungsteams „in Klausur begeben".

1.5.1 Moderatorische Ansätze in der betrieblichen Qualifizierung

Moderationsmethoden und die dahinter liegenden Regeln, Konzepte und Werte der Eigenverantwortlichkeit von Individuen und Gruppen sowie der Nutzung ihrer Ressourcen, sind recht schnell in die betriebliche Trainingspraxis, in die Erwachsenenbildung, zögerlich auch in den schulischen Unterricht (Nissen & Iden, 1995) und in die Hochschullehre (Freimuth, 2000b) eingegangen. In der betrieblichen Bildung, besonders wo es deutliche Affinitäten zur Organisationsentwicklung gab, wurde Moderation sofort aufgegriffen und umgesetzt. Der Leitgedanke der Konzepte und ihrer Promotoren bestand darin, Menschen zum Subjekt ihrer Lernprozesse zu machen und ihre eigene Handlungsfähigkeit in den Mittelpunkt zu stellen (Schwiers & Kurzweg, 2004).

Leitgedanken der Moderation in der betrieblichen Bildung

– Subjektorientierung – Anknüpfen an Erfahrungen und Bedürfnissen der Teilnehmer
– Beteiligungsorientierung – Teilnehmer steuern den Prozess mit
– Handlungsorientierung – Im Vordergrund steht die praktische Umsetzung des Gelernten
– Ganzheitlichkeit – Einbeziehen aller Sinne und Gefühle der Teilnehmer
– Orientierung auf soziale Prozesse – Förderung des Austausches zwischen den Teilnehmern

---

In diesem Paradigma verändert der Lehrer, Instruktor oder Trainer seine Rolle. Er transportiert nicht Wissen, vielmehr organisiert er Wissensprozesse und knüpft dabei an die Erfahrungen und Erwartungen der Teilnehmer an. Wie ein Moderator verwendet er dabei Fragetechniken und Feedback, um die Teilnehmer zu aktivieren und auf sich selbst zu beziehen. Die Nachhaltigkeit der Lernprozesse verbessert sich darüber hinaus, wenn möglichst unterschiedliche und abwechslungsreiche Formen des Lernens kombiniert werden. Aufmerksamkeit und Spannung bleiben durch die Nutzung aller Sinne länger erhalten (Bruffee, 1999).

Veränderte Trainerrolle

1.5.2 Phasen der Verbreitung und der Entstehung von Akzeptanz

Über die Veränderung der betrieblichen Bildungsarbeit hinaus nahm moderatorisches Arbeiten langsam aber stetig auch Einfluss auf die Entwicklung von modernen Führungsrollen und Unternehmenskulturen. Es lassen sich für diesen Aspekt grob folgende Phasen der Verbreitung unterscheiden:

**Phasen der Verbreitung von Akzeptanz
von Moderation in Deutschland**

– Schrittweise Entwicklung der Grundtechniken in einem Trial and Error Prozess (späte 60er-Jahre),

---

15

- Moderatorische Experimente mit größeren Unternehmungen, Behörden und Ministerien, die bereit waren, neue Wege zu gehen (70er-Jahre),
- Systematisierung der Methode in Basis-Trainings für Moderatoren, beginnend in den 70er- bis weit in die 80er-Jahre hinein,
- Entwicklung von spezifischen Produkten und Beratungsfeldern, in denen systematisch Moderationsformen Anwendung fanden, beispielsweise Werkstattzirkel (80er-Jahre),
- Entwicklung einer komplexeren Beratungsphilosophie und Zusammenwirken mit der Organisationsentwicklung (80er-Jahre),
- Anwendung und Verbreitung der Methode in unterschiedlichsten Beratungs- und Trainingskonzepten (80er- und 90er-Jahre),
- Systematische Anwendung und Verbreitung der Methode in Unternehmen, im Rahmen von zahllosen Klausuren, Workshops, Tagungen, Projekten oder im Rahmen von Change Management und Qualifizierungen (90er-Jahre bis heute).

Standardisierung und Vereinfachung Wichtig für die Verbreitung der Moderation waren zunächst die Bemühungen um ihre Standardisierung und Lehrbarkeit. Die Trainings wurden in unterschiedlichen Modulen gelehrt, von der Visualisierung über Fragetechniken bis hin zur Reflexion. Die Gründer und Berater des Quickborner Teams und später von Metaplan® und ComTeam, verstanden diese Form der Verbreitung als eine Art von „Alphabetisierungsprozess", der von einem engen Zusammenhang der Verbreitung von Kulturtechniken zur Verbesserung der Kommunikationsfähigkeit und nachhaltiger gesellschaftlicher Entwicklung ausgeht.

Für die Diffusion der Konzepte sorgten, neben den offenen Trainings, auch verständliche Publikationen mit einfach umsetzbaren Hinweisen für die eigene Moderationspraxis. Dazu gehört neben zahlreichen Schriften von Metaplan® über Moderation, Visualisierung oder Workshop-Konzepte insbesondere das Buch über Kurzmoderation von Klebert, Schrader & Straub, das erstmals 1985 erschien und seitdem mehr als zehn Auflagen erlebte. Nicht zu unterschätzen ist schließlich die Verfügbarkeit professioneller „Hardware" für Moderation, die unter dem Einfluss der Metaplan®-Berater etwa von der Hamburger Unternehmung Nitor® entwickelt und vertrieben wurde.

Die Vereinfachung der Methode in didaktischer Absicht und ihre Popularisierung hatte leider auch einige Schattenseiten: Sie führte häufig, maßgeblich auch bedingt durch eine Vielzahl von wenig kompetenten Nachahmern, zu einer Unterschätzung ihrer tieferen Bedeutung, zu fehlerhaften Anwendungen und damit gelegentlich zu einigen Akzeptanzproblemen (Wenninger, 2001). Wie dem auch sei, inzwischen gibt es kaum ein Unternehmen in Deutschland, das nicht in der einen oder anderen Form die moderatorischen Verfahren und Methoden anwendet. Ein äußerlich sichtbares

16

Merkmal ist die Verbreitung der „Hardware", wie zum Beispiel Pinnwände, Packpapier und Moderationsmaterial. Es findet sich kaum ein Sitzungszimmer oder ein Schulungsraum, wo es nicht zu finden ist.

1.6   Betrieblicher Nutzen

Probleme bei Entscheidungen entstehen, weil Interessen, Optionen und beeinflussende Variablen unübersichtlich sind. Optionen sind wünschenswert, aber andererseits überfordert Komplexität unsere Fähigkeiten der Wahrnehmung und Beurteilung (Schwartz, 2004). Menschen verwenden dann intuitiv praktikable Heuristiken, die nicht perfekte, aber befriedigende Ergebnisse liefern. Die Kosten einer weiteren Optimierung sind oft zu hoch und verbessern die Resultate in der Regel nicht nachhaltig (Roth, 2007). Der Nutzen von Moderation kann ähnlich begründet werden. Im Detail können folgende Argumente angeführt werden:

1.6.1 Der Nutzen der Moderation zur Verbesserung der Gesprächstechnik

Überwiegend zentral und mündlich geführte Kommunikation führt zu einer Reihe von Problemen, die aus zahlreichen Sitzungen ebenso wie Lehrveranstaltungen hinlänglich bekannt sind. Ein in der Entstehung der Moderation immer wieder genannter Nachteil der traditionellen Gesprächsführung ist die mangelnde Beteiligung. Die Interaktionsdichte bei mündlich geführten und wenig strukturierten Diskussionen beträgt ca. 50 bis 60 Wortbeiträge je Stunde. Bei anspruchsvollen und konfliktreichen Auseinandersetzungen liegt sie sogar nur bei 20 bis 30 Beiträgen (Kühl, 2002, S. 268). Weitere Probleme zentral und mündlich geführter Kommunikation können dem Kasten entnommen werden:

Verbesserte Beteiligung im Diskurs

Probleme mündlicher Kommunikation in Gruppen
– Sie bringt die Teilnehmer recht schnell an die Grenzen ihrer Konzentration und Wahrnehmungsfähigkeit, es entstehen Missverständnisse und unnötige Schleifen.
– Es ist schwierig, den roten Faden im Blick zu behalten, unfruchtbare Detaildiskussionen und Nebenkriegsschauplätze behindern den Fortgang.
– In aller Regel kann sich immer nur ein Teilnehmer zur Zeit äußern, die Ressourcen der Anwesenden werden nicht genutzt.
– Schließlich ist es für neue Gruppenmitglieder schwierig, sich schnell mit dem Stand der Diskussion vertraut zu machen, ihre Integration kostet Zeit und Kraft.

17

Die visualisierte Gesprächsführung durch einen Moderator setzt an diesen Schwächen an (Kühl, 2002, S. 269 f.). Durch die Simultanität bei der Sammlung von Beiträgen entsteht bereits eine Vervielfachung der Interaktionsdichte. Bei einem Workshop mit 20 Teilnehmern kommt man durch schriftliche Diskussion auf 300 bis 600 Beiträge je Stunde. Diese und folgende weitere Effekte erhöhen den Nutzen moderierter Gesprächsführung (Dauscher, 1996, S. 13 f.).

Nutzen moderierter Gesprächsführung

- Es gibt keinen Zwang zur Reihenfolge, Beiträge können parallel formuliert werden.
- Jeder kann sich spontan äußern, auch weniger redegewandte Teilnehmer bekommen so eine Chance.
- Die Verdichtung der Diskussion verbessert die Konzentration, man muss nicht warten, bis man „dran" ist.
- Die Visualisierung der Ergebnisse und die Sichtbarkeit der gesamten Arbeitssequenz zeigen den Teilnehmern den Erkenntnisfortschritt und den roten Faden; damit bleibt die Diskussion strukturiert und man verzettelt sich nicht so leicht.
- Visualisierung erleichtert die Dokumentation, da die erarbeiteten Ergebnisse fotografiert und den Teilnehmern als Simultanprotokoll zur Verfügung gestellt werden.

1.6.2 Der Nutzen von Moderation bei Entscheidungsprozessen in Gruppen

An die Leistungsfähigkeit von Teams bei Entscheidungen werden viele Hoffnungen geknüpft. Einer ihrer Vorteile besteht darin, dass dort folgenreiche Fehler aufgrund von falschen Annahmen und Schlüssen vermieden werden können (Hofstätter, 1993). Die Gruppenmitglieder treten aus dieser Sicht aber lediglich als Korrektiv auf, sie wirken eher reaktiv und bringen weniger produktive Eigenleistungen ein. Das kreative Potenzial von Gruppen im Vergleich zu Einzelentscheidungen kommt unter folgenden Voraussetzungen zur Wirkung (Weinert, 2004, S. 411 f.):

Nutzung des Gruppen- potenzials

- wenn möglichst viele, verschiedene, neue und ungewöhnliche Ideen entwickelt werden sollen,
- wenn viele Informationen beschafft oder erinnert werden müssen,
- schließlich, wenn es sich um die Bearbeitung unklarer und unsicherer Thematiken handelt.

Diese Vorteile von Gruppen bei der kreativen Verarbeitung von Informationen und der Nutzung von Erfahrungen in Entscheidungen werden auf folgende Ursachen zurückgeführt (Wegge, 2004, S. 47 ff.):

18

- bessere Verarbeitung von Informationen, weil unterschiedliche Perspektiven vorhanden sind und legitimiert werden müssen
- erhöhte Gedächtnisleistungen, weil die Gruppenmitglieder auf unterschiedliche individuelle Erfahrungen zurückgreifen und diese verknüpfen können
- sofortiges Feedback auf eingebrachte Vorschläge sowie auf die Entwicklung der Gruppe selbst

Das Potenzial von Teamentscheidungen liegt darin, dass auf unterschiedliches Wissen zurückgegriffen und Neues zugleich im Gruppengedächtnis (Freimuth, Hauck & Asbahr 2002) kollektiviert werden kann. Synergie-Effekte sind keine Fiktion (Wegge, 2004, S. 54). *Implizites Wissen* wird adressiert, unbewusste Annahmen können offen gelegt und verhandelt, Optionen priorisiert werden, um sich schließlich so schrittweise einer gemeinsamen und originellen Lösung anzunähern (Nonaka & Takeuchi, 1995). Moderation besteht nicht zuletzt darin, genau das sicherzustellen, indem jeder zu Wort kommt und „seinen Punkt machen kann". **Implizites Wissen**

1.6.3 Der Nutzen von Moderation zur Verbesserung von Kooperation

Moderierte Gesprächsführung versachlicht spannungsreiche Diskussionen, oft schon durch die Anwesenheit eines Moderators, durch die Transparenz der Verfahren und durch Spielregeln, auf die sich die Gruppe einigt. Jeder Teilnehmer hat die Gelegenheit, seine Beiträge einzubringen und sieht sich so im Prozess und im Ergebnis repräsentiert. Die simultane Verschriftlichung der Diskussion ermöglicht die sorgfältige Formulierung von Beiträgen und wirkt disziplinierend. Entsprechend dieser Anforderungen wird auch das gesamte Setting der Moderation gewählt. Das Arrangement ver hindert die direkte Konfrontation, die insbesondere in ungeübten Streitkulturen schnell zu weiteren Verhärtungen führen würde. Stattdessen können sich die unterschiedlichen Perspektiven in Gruppen gleichsam zeitverzögert zeigen, mit angemessener Distanz betrachtet und erörtert werden, man kann Szenarien durchdenken sowie Prioritäten sichtbar machen und schließlich die Einigungspotenziale ausloten (Freimuth, 1996b, S. 37). Diese raumzeitliche Dimension moderatorischer Kommunikationskultur trägt wesentlich zur Konfliktlösung bei, vermeidet Machtspiele (Freimuth, 2001), reduziert bremsenden Widerstand und sichert die Akzeptanz der erarbeiteten Ergebnisse. **Kooperationskultur**

Die Egalität und teilweise Anonymität, die durch moderatorisches Arbeiten ermöglicht wird, kann die dominierende Wirkung von Hierarchien und Macht in Gruppen einschränken. Im „vorhierarchischen Raum" (Schnelle, 1982) der Moderation sind die etablierten Führungsrollen suspendiert,

Moderation bedeutet aus dieser Perspektive „kontrollierten Machtverzicht" (siehe Abb. 5). Kritik, kreative Ideen und ungewöhnliche Beiträge können eher unzensiert und frei eingebracht werden. Es sollte jedoch betont werden, dass Moderation kein Wunschkonzert ist, d. h. sie bewegt sich innerhalb eines definierten Auftrages und natürlich innerhalb der formalen Governance der beauftragenden Organisation.

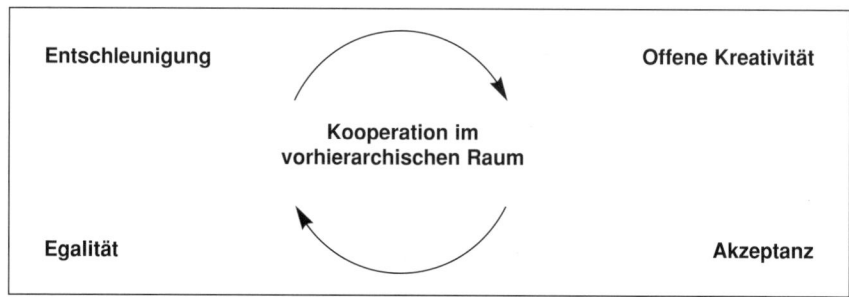

Abbildung 5:
Moderation, vorhierarchischer Raum und Kooperation

In den frühen Phasen der Verbreitung der Moderation war es wichtig, die formale Trennung von Hierarchie und vorhierarchischen Raum zu postulieren und auf die strikte Einhaltung der Kooperationsspielregeln in moderierten Sitzungen zu achten. In der Zwischenzeit kann man sicherlich davon ausgehen, dass moderatorische Arbeitsformen mit einer sehr viel größeren Selbstverständlichkeit angewendet werden. Es gibt sogar einige Studien, die zu belegen versuchen, dass kooperative Führungskulturen den Erfolg und die Effizienz von Organisationen stärken, weil Mitarbeiter Perspektiven und das Gefühl von Kontrolle erleben (MacLagan & Nel, 1995, S. 29 ff.; Pekruhl, 2001), wenngleich der Nachweis aufgrund der Vielfältigkeit von Einflüssen nur unvollkommen zu führen ist (Weinert, 1989).

1.6.4 Der Nutzen von Moderation und Steuerungslogik

Das vorherrschende Konzept von Führung in Deutschland wurde vor allem durch die Betriebswirtschaftslehre geprägt, nach deren Lehrbüchern und ihren impliziten Leitbildern Tausende von Managern ausgebildet wurden. In diesen Ansätzen wird steuerndes Handeln vornehmlich als zentrale Planung (kombinativer Prozess von betrieblichen Ressourcen) begriffen, während die anderen klassischen Management-Rollen, Organisation und Kontrolle, die sich im Gegensatz zu den planerischen Entwürfen an der kruden Realität brechen, als vergleichsweise untergeordnete Funktionen erschienen. Dieses Verhältnis kehrt sich nun radikal um. Die Umsetzung von Entscheidungen in Organisationen erweist sich als keineswegs problemlos, im Gegenteil (Rühli, 2002), heutige Entscheider müssen a priori einkalkulieren, dass sie alles was sie entscheiden, ‚nicht bloß mehrfach nachjustieren und gar nicht so selten nach kürzester Zeit völlig auf den Kopf stellen müssen' (Schimank, 2009, S. 64). Von der Systemtheorie wurde der Abgesang auf die zentrale Plan- und Steuerbarkeit von Systemen radikal auf den Punkt gebracht: „man kann eigentlich nur entscheiden, was man nicht entscheiden kann", (Foerster, 1993). Mehrdeutigkeit, Begrenzungen und Risiken zwingen dazu. Moderation hilft dabei, diese Unübersichtlichkeit zu vereinfachen. Und auch wenn Planung jetzt noch grandioser als Strategie daher kommt, beruht sie doch lediglich auf einer von vielen möglichen Unterscheidungen, die von den Verantwortlichen getroffen wurde (Luhmann, 2002). Um ihre Plausibilität und Legitimität zu sichern, muss es darum gehen, möglichst viele Perspektiven in Betracht zu ziehen und divergierenden Interessen eine Stimme zu geben. In einem emergenten Prozess entsteht so „irgendwie" eine Entscheidung, die durch Diversität, Transparenz und Beteiligung ihren Segen erhält. Das Ergebnis ist jedoch nicht purer Zufall, obwohl es anders (kontingent) hätte sein können. In erster Linie es erscheint den Beteiligten sinnvoll und macht sie – bis auf weiteres – handlungsfähig. Auch wenn es zynisch klingt, „Opportunismus wird in der Betriebswirtschaft so zum System" (Baecker, 1998, S. 29).

Evolution von Steuerungs-konzepten

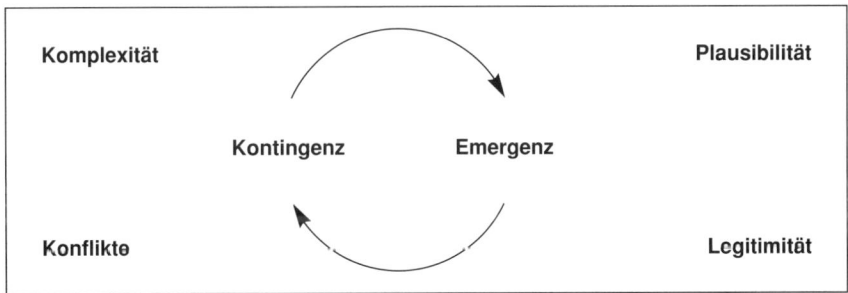

Abbildung 6:
Moderation und Steuerungslogik

Moderatorische Einigungsverfahren können somit – das sollte zumindest angedeutet sein – als Teil eines umfassenden Konzeptes der Steuerung begriffen werden (Willke, 1998). Sie beruhen auf der Erfahrung, dass soziale Systeme nicht aufgrund einer zentralen Vernunft operieren, sondern vielfältigen, lokalen und eigenständigen Logiken folgen, die sich aber moderiert und selbstorganisiert verständigen und ein handlungsfähiges Ganzes erzeugen können. Abbildung 7 verdeutlicht diesen Zusammenhang:

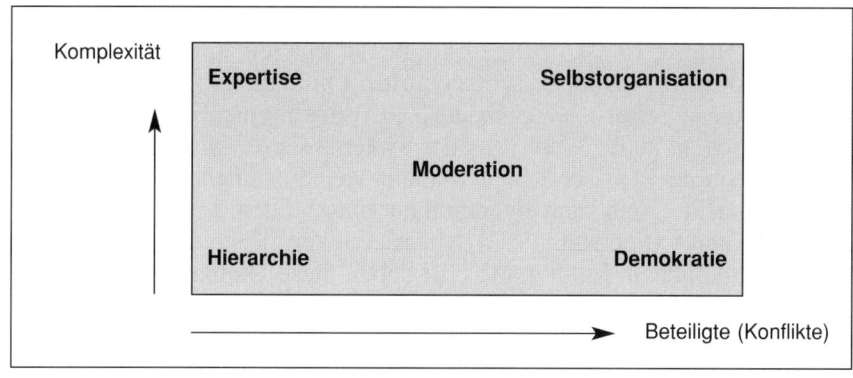

Abbildung 7:
Entscheidungslogiken Moderation und Selbstorganisation

Die zwei bereits mehrfach identifizierten Einflüsse auf Entscheidungen sind Komplexität und Konflikte. Bewegen sich beide auf einem überschaubaren Niveau, können sie innerhalb der Hierarchie getroffen werden. Dieses Modell geht davon aus, dass jeweils die notwendigen Informationen und Kompetenzen an den definierten Stellen vorhanden sind, es bedarf somit keiner weiteren Abstimmung, nur der Verkündung. Bei steigender Komplexität lässt sich einschlägige Expertise hinzuziehen, Stabsabteilungen und zuweilen Fachberater, die ihre Expertise in den Diskurs einbringen. Wenig komplexe Entscheidungen und viele Beteiligte mit unterschiedlichen Interessenlagen lassen sich durch einfache Abstimmungsverfahren auflösen. Diese drei skizzierten Verfahren beruhen jeweils auf einem dualen Modus, Hierarchie auf zugewiesener Macht „Ober sticht Unter", Demokratie auf dem Prinzip „Mehrheit überstimmt Minderheit" und die Autorität von Expertise beruht auf der Annahme „Wahrheit vs. Falschheit". Verfahren der

Duale Entschei-
dungslogiken

Moderation kommen ins Spiel, weil diese dualen Entscheidungslogiken überfordert werden, da Organisationen sich immer häufiger mit sowohl komplexen als auch konflikthaften Entscheidungen zu befassen haben, die auf Dialog und Verständigung angewiesen sind. Es gibt gleichsam mehrere Wahrheiten am Tisch, keine kann für sich Besonderheit beanspruchen, zugleich treffen vielfältige Interessen aufeinander, die aber zu komplex sind,

Emergente
Entscheidungs-
prozesse

um sie einfach zur Abstimmung zu stellen. Entscheidungen als moderierte Aushandlung entstehen in einem kollektiven Prozess und aus der gemeinsamen Anstrengung. Es geht dort – wie Luhmann (1983, S. 50) in einem anderen Zusammenhang bemerkt – um kooperative Wahrheitssuche von divergierenden Standpunkten aus und um Funktionen des Darstellens und Austragens von Konflikten. Jenseits der institutionalisierten Führungsgremien und der moderierten Verfahren der Entscheidungsfindung existieren in Organisationen schließlich zahllose Formen selbstorganisierter und dezentraler Problem- und Konfliktlösung (Freimuth, Merath & Gropp, 2009),

22

die weitgehend unbemerkt und unterschätzt vermutlich den Kernteil organisatorischer Intelligenz ausmachen. Moderation macht sich dieses Potenzial zu Nutze, indem sie für eine gewisse Zeit thematisch betroffene und interessierte Akteure in einem Raum versammelt und innerhalb ihrer Verfahren zur Lösungssuche anregt, sie dabei beobachtet und damit dem Wirklichen das Mögliche gegenüberstellt, um aus dieser Differenz Informationen für Veränderungen abzuleiten (Willke, 1987, S. 349).

1.6.5 Grenzen der Moderation

Aus den bisherigen Ausführungen dürfte deutlich geworden sein, dass es für moderierte Entscheidungen keine Erfolgsgarantie gibt, wobei zudem offen ist, was Erfolg in diesem Zusammenhang heißt. Eine Grenze der Moderation liegt naturgemäß in der Kompetenz des Moderators, in seiner Fähigkeit die Gruppe durch den Prozess zu führen (konkrete Tipps für „Krisen": Revers, 2004). Anderseits sind die Grenzen der Moderation häufig die Grenzen von Teams, sie sind keine Allzweckwaffen (Lencioni, 2002). Es gibt zum Teil klassische theoretische Befunde und praktische Erfahrungen, die darauf hindeuten, dass der Austausch von Wissen in Gruppen nach wie vor „der zentrale Engpass" ist (Scherm, 1998). Es lassen sich teilweise spektakuläre Beispiele für Fehlentscheidungen nennen, obwohl die relevanten Informationen verfügbar waren. Diese sind oftmals darauf zurückzuführen, dass Gruppen sich besonders unter Stress nicht nachhaltig austauschen (Starbuck & Farjoun, 2005). Aber auch ohne äußeren Druck entwickeln Gruppen kognitive und normative Muster in ihren Beziehungen, die ihnen einerseits wichtige Orientierungen geben. Ihre Geltung wird u. a. durch soziale Kontrolle sichergestellt und das führt andererseits dazu, dass notwendige Veränderungen sich nicht durchsetzen lassen (Funda, 1999). Die Liste von Erfahrungen und empirischen Ergebnissen, die auf ähnliche und weitere Problembereiche hinweisen, ist lang (Übersicht: Schulz & Frey, 1998 sowie Sader, 2000):

Probleme von Gruppenentscheidungen

Problembereiche von Gruppenentscheidungen

- Suboptimale Informationsnutzung – Gruppen diskutieren vornehmlich Informationen, die bereits vorher allen vorlagen, während Informationen von Einzelnen nur zögernd in Betracht gezogen werden.
- Group Think – Exzessives Streben nach Einigkeit in der Gruppe mit Symptomen wie Selbstüberschätzung, Engstirnigkeit und sozialen Druck auf abweichende Meinungen.
- Entrapment – Dieses Muster liegt vor, wenn eine Handlung, die bereits wesentliche Ressourcen und persönliches Engagement verschlungen haben, trotz zunehmender Verluste aufrecht erhalten wird, weil man

> sich Fehler nicht öffentlich eingestehen kann und weil bei Verlusten eher höhere Risiken eingegangen werden (Siehe dazu auch die Diskussion über sog. Pfadabhängigkeit von Entscheidungen; Kritische Übersicht: Beyer, 2006).
> – Entscheidungsautismus – Menschen setzen sich nicht offen mit Optionen auseinander, sie neigen zu Selbstbestätigungstendenzen.

Diese Effekte lassen sich durch öffnende und kommunikationsförderliche Arrangements zum Teil verhindern, beispielsweise durch räumliche Konfigurationen oder Visualisierung (Reinhardt & Eppler, 2004). Entscheidend in diesem Zusammenhang ist aber der Hinweis, die Funktion der Diskussionssteuerung von der inhaltlichen Diskussion zu trennen. Damit erhöht sich die Wahrscheinlichkeit einer deutlich differenzierten Strukturierung ihrer Probleme, einer verbreiterten Lösungssuche und einer besser fundierten Entscheidung (Boos, 1998a). Darüber hinaus können Konflikte offener besprochen werden, weil die Sitzungsleitung in der Hand eines neutralen Beobachters des Prozesses liegt, der seine Rolle nicht mit persönlicher Betroffenheit konfundiert. Diese Ansprüche macht Moderation geltend.

1.6.6 Kosten der Moderation

Diese Frage ist nicht ganz leicht zu beantworten. Die Schwierigkeit besteht darin, dass der Markt inzwischen überschwemmt ist und viele freie Berater und Trainer unter Preisdruck stehen. Da die Methode auf der Oberfläche sehr simpel wirkt, wird sie entsprechend inflationär adaptiert, die Qualität bleibt leider oft auf der Strecke. Kauft man sich einen kompetenten externen Moderator ein, liegen die durchschnittlichen Marktpreise zwischen 1.500 € und 2.500 € pro Tag. Einige Beratungsfirmen arbeiten grundsätzlich mit zwei Moderatoren, besonders bei schwierigeren Themen und größeren Gruppen. Hinzu kommt der Vor- und Nachbereitungsaufwand. Findet die Moderation im Rahmen eines größeren Prozesses statt, steigen die Kosten entsprechend.

Beratungskosten

Besteht das Ziel eines Unternehmens darin, eigene Moderatoren auszubilden, liegen die Tagessätze für externe Trainer im Allgemeinen etwas niedriger. Um etwa eine Gruppe von zehn bis zwölf eigenen Moderatoren zu qualifizieren, benötigt man schätzungsweise fünf Trainingsmodule à drei bis vier Tage. Hinzu kommt – je nach Erfahrung – zusätzlicher Aufwand für Supervision und Transferberatung. Ein solcher Prozess erstreckt sich auf einen Zeitraum von vielleicht einem Jahr.

1.6.7 Evaluation von Moderationen

Die vorliegenden Ansätze zur Evaluation von Interventionen in soziale Systeme führen am Ende zu einer Vielzahl von Dilemmata, etwa zu der Frage, welche Perspektive bevorrechtigte Geltung haben sollte, welchen wissenschaftlichen Ansprüchen praktische Verfahren genügen sollten oder was überhaupt als Erfolg einer Intervention bezeichnet werden kann (Patry & Hager, 2000). Ein beratendes System wird sich vermutlich nicht weiterentwickeln, wenn eine von Außen beobachtende Perspektive einen Erfolg diagnostiziert, er von den betroffenen Akteuren aber nicht als Erfolg wahrgenommen wird.

Im Rahmen der hier bislang vorgestellten Konzeptualisierung von Moderation kann es auf diese exemplarisch genannten Fragen nur Antworten geben, die auch in Bezug auf die Evaluierung moderatorischer Interventionen einem veränderten Paradigma folgen (Freimuth & Hoets, 1995), das u. a. auf den folgenden Leitsätzen beruht:

- Der Untersuchende verfügt über kein „esoterisches" Wissen, sondern nur über eine mögliche Perspektive, die er als Anregung in den Diskurs einbringt.
- Die *Praktiker* sind selber Untersuchende mit eigenen Sichten und Interessen, an deren Evaluation und Reflexion sie sich beteiligen müssen, damit Veränderungen möglich werden (Argyris & Schön, 1999, S. 50 ff.).
- Erfolge können Interventionen nicht eindeutig zugeordnet werden, u. a. weil sich die betroffene Organisation mit der beginnenden Beobachtung verändert (Förster, 1993).
- Schließlich ist Erfolg auch eine Frage der Perspektive der beteiligten Akteure und lässt sich nicht objektivieren (Freimuth & Meyer, 1997).

Im Sinne dieser Leitsätze wird Evaluation und die Identifikation von Erfolgen hier als das Ergebnis einer gemeinsamen Deutung begriffen, die sich im Dialog zwischen Beobachtern und Beobachteten entwickelt. Dabei ist zu betonen, dass diese Trennung gleichfalls nicht trennscharf ist. Die beobachteten *Praktiker* wissen nicht nur, dass sie beobachtet werden, sie beobachten ihrerseits die Beobachter, die damit ebenso in der Rolle der Beobachteten sind etc. Damit lösen sich Evaluationsverfahren nicht in einem unübersichtlichen Gewirr aus. Natürlich können Daten etwa im Rahmen von Befragungen erhoben werden, wichtig ist nur, die Reagibilität des betroffenen Systems zu beachten, ebenso die Relativität der Forscher-Perspektive. **Evaluation als gemeinsame Deutung**

In dieser Hinsicht unterscheidet sich die hier skizzierte Interpretation etwas von der sog. *Grounded Theory* in der Evaluationsforschung (Wiedemann, 1991 und ausführlich: Guba & Lincoln, 1989), die gleichfalls die Relativität von Perspektiven, die Notwendigkeit einer gemeinsamen Deutung von Befunden und das Auslösen von Einsichten betont, die von den betroffenen **Grounded Theory**

Akteuren als nützlich wahrgenommen werden. Aber es gibt keine irgendwie geartete frei schwebende Aufmerksamkeit (Flick, 1991, S. 150 f.), weil kein Beobachter frei von seinen Wahrnehmungs- und Bewertungsmustern ist. Man sollte diesen Aspekt eher als ein Bemühen um Offenheit und Bereitschaft für Korrekturen begreifen.

2 Theorien und Modelle der Moderation

2.1 Theorien der Moderation

Was sich anfänglich in Deutschland unter der Überschrift Moderation entwickelte, war zunächst ein wenig geordnetes Ensemble von „Methoden, Techniken, Hardware, Spielregeln, Settings und Verhaltensempfehlungen", die bei Problem- und Konfliktlösungen in Gruppen von Entscheidern eingesetzt wurden (Friedmann, 1996). Alle diese Konzepte sind schrittweise in der konkreten Beratungsarbeit entstanden, nicht am grünen Tisch. Es war ein inkrementaler und experimenteller Vorgang des Lernens, weniger ein systematischer Prozess. Das vorrangige Ziel bestand darin, die praktischen Verständigungsprobleme von Gruppen zu lösen. Eine kohärente psychologische Theorie lag dieser Entwicklung zunächst nicht zugrunde (neuerdings: Nußbeck, 2006), wenngleich jedoch eine Reihe von psychologischen und sozialwissenschaftlichen Strömungen diskutiert und nach pragmatischen Maßstäben verarbeitet wurde. Man kann die Entwicklung der Moderation eher als eine Folge von *sozialen Innovationen* (Bornstein, 2004) begreifen, die sich nach und nach insbesondere mit der pädagogischen Aufbereitung für Moderatoren-Trainings systematisiert haben und für deren Erklärung Versatzstücke aus unterschiedlichen Theorie-Gebäuden in pragmatischer Absicht Eingang fanden in die Beratungsarbeit.

Soziale Innovationen

Die vielen Moderatoren-Trainings, die durchgeführt wurden, erzwangen insbesondere durch die in den 70er-Jahren in die Organisationen strömenden kritischen Nachwuchskräfte einen Bedarf nach schlüssigen Erklärungen und Begründungen. Darüber hinaus bestand natürlich auch ein signifikantes Bedürfnis nach reflektierter Praxis. Wolfgang Schnelle (2002, S. 290), Mitbegründer des Quickborner Teams und von Metaplan®, schrieb dazu: „Wir tun dies, indem wir die Theorieangebote danach befragen, wie sie uns das zu erklären vermögen, was wir in unseren Beratungsarbeiten beobachten und erleben." Die Wissenschaft folgte der Praxis nach, erst später entstanden kohärentere Bezugsrahmen. Moderation war besonders anfänglich, ähnlich wie die gesamte Organisationsentwicklung (Wimmer, 2004), in erster Linie eher Aktionsforschung, nicht Erkenntnis an sich und keinesfalls irgendeine Form von privilegierter Datengewinnung über soziale Systeme.

Begründung und Selbstklärung

26

Dem Bedürfnis nach Selbstklärung und Erklärung kamen daher zunächst Konzept-Angebote entgegen, die sich in didaktisch geschickter Weise und zuweilen formelhaft präsentierten. Klassisch dafür sind Watzlawick, Beavin & Jackson (1982, erstmals 1967). Ihre *Axiome der Kommunikation* wurden in unzähligen Seminaren „hergebetet", ebenso wie die bekannten Feedback-Regeln, die auf Ruth Cohn (1988, erstmals 1975) zurückreichen. Solche Formen der pädagogischen Aufbereitung sind für den Diffusionsprozess sozialer Innovationen wichtig und hilfreich, sonst sind Techniken, Regeln und Einstellungen nicht erklärbar. Eberhard Schnelle, ebenfalls Mitbegründer des Quickborner Teams und von Metaplan®, sprach in diesem Zusammenhang von der „Kunst der genialen Vereinfachung". Allerdings beinhaltet sie das Risiko des Reduktionismus und der Simplifikation durch missionierende Propheten und übereifrige Adepten, was in Ausdrücken wie etwa „Pinnwand-Methode" oder „Kärtchen-Technik" zum Ausdruck kommt.

Geniale Vereinfachung

Insgesamt gesehen ist es also recht gewagt, von „Theorien der Moderation" zu sprechen. Rückschauend könnte jedoch die in Abbildung 8 dargestellte Systematik hilfreich sein, die andeutungsweise zeigt, an welche Theorietraditionen bei der Herausbildung der Moderationsmethoden angeknüpft wurde.

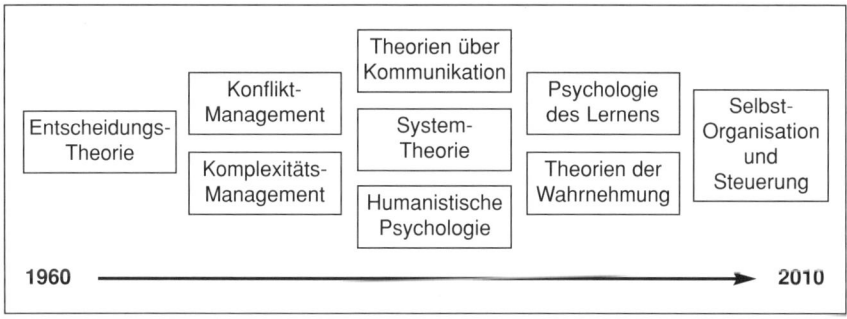

Abbildung 8:
Theorieansätze, die für die Entwicklung der Moderation wichtig waren

Das Quickborner Team stand in den 60er-Jahren zunächst stark unter dem Einfluss der klassischen Kybernetik und der Informationstheorie. Zur Rezeption und Verbreitung dieser Konzepte aus den USA wurde ein eigener Verlag gegründet. Analog der Planungseuphorie in der etablierten Betriebswirtschaftslehre entwickelten sich Beratungskonzepte und Modelle, die unter der Überschrift *komplexe Planung* zur Bewältigung von Entscheidungskomplexität zusammen gefasst wurden.

Eine Relativierung dieser noch recht deterministischen Sicht von sozialen Systemen wurde eingeleitet durch die irritierende Erfahrung von Wider-

Umgang mit
Widerständen ständen in betroffenen Organisationen, die solche direktiven Beratungskonzepte verständlicherweise erzeugen: Manager riefen daher nach Führungsmethoden, die ihnen helfen sollen, jene aus ihrer Sicht unerwünschten und ungehörigen Widerstände zu überwinden (Bendixen, Schnelle & Staehle, 1968, S. 21). Konzeptionell wurden diese Erfahrungen angereichert durch neue Erkenntnisse aus der Entscheidungstheorie, ersten Theorien über Komplexität und vernetztem Denken sowie insbesondere der Gruppendynamik, welche die Fruchtbarkeit von Konflikten betonte. Diese Sicht stand in einem krassen Widerspruch zu dem damaligen Verständnis industrieller Demokratie in Deutschland, das durch den Griff nach der ein für allemal gerechten Lösung, der Suche nach Gewissheit und der Angst vor der widerspruchsvollen Vielfalt der Wirklichkeit geprägt war (Dahrendorf, 1968, S. 197). Mit der zögerlichen Aufgabe dieser vergeblichen Suche nach Gewissheit gewannen Modelle über Kommunikation und Verständigung an Bedeutung, aus der frühen Kybernetik wurde die ganzheitliche Betrachtung von Systemen und Beziehungen übernommen.

Forderung nach
Partizipation Die humanistische Psychologie und die auf ihr basierenden partizipativen Führungsmodelle prägten die normativen Grundlagen der Moderation, der Glaube an Ressourcen und die Motivierbarkeit von Menschen. Dieses veränderte Führungsverständnis wurde natürlich auch gespeist durch die politischen Transformationen in Deutschland Ende der 60er-Jahre: Eine Reihe von jungen Beratern kam mit entsprechenden Leitbildern in das Quickborner Team und beeinflussten den Diskurs in diese Richtung nachhaltig.

In den letzten Jahren standen Arbeiten über Lernen in Gruppen und Organisationen im Vordergrund, die theoretisch u. a. auf die Instruktionspsychologie zurückgeführt werden können. Von immenser Bedeutung für ein modernes Verständnis von Moderation waren schließlich die Erkenntnisse aus systemischen Theorien über Wahrnehmung, die die relative Geschlossenheit von sozialen Systemen postulierten und die Begrenzungen der Rolle des Moderators klarer fassten. All das mündet heute ein in Theorien über Selbstorganisation und Kontextsteuerung die Steuerung von Systemen und ihrer Selbstorganisation. „Selbst" heißt, dass soziale Systeme selbstbezüglich sind. Sie bringen ihre kognitiven und emotionalen Muster mit eben diesen Mustern hervor (Haken & Schiepek, 2006). Das gilt ebenso für die Beobachtungen und Rückkopplungen des Moderators. Aus dieser Perspektive kann moderatorisches Fragen und Intervenieren nicht als Form direkter Einwirkung gesehen werden, sondern im Sinne von *Kontextsteuerung*, d. h., die Schaffung von Bedingungen, die es für das zu beeinflussende System attraktiv oder unausweichlich erscheinen lassen, eine selbstgenerierte Veränderung vorzunehmen (Neuberger, 2002, S. 632).

Diese mehr als grobe Skizze zeigt, wie vielfältig die Einflüsse aus Theorie, Praxis und dem gesellschaftlichen Umfeld auf die Entstehung der Moderation waren und sind. Im Folgenden nun zu den einzelnen konzeptionellen Grundlagen einige weitere Ausführungen:

2.1.1 Entscheidungen in Gruppen

Die theoretische Reflexion der Dynamik von Entscheidungen in Gruppen war ein wichtiger Impuls für die Entstehung bzw. Begründung der Moderation. In der vorherrschenden Entscheidungstheorie blieb die Bedeutung von Gruppen ziemlich ausgeblendet. Man ging davon aus, dass Entscheidungen rational von einzelnen Managern getroffen werden, die zwischen Optionen unter Abschätzung von Nutzen und Kosten eine rationale Wahl treffen (Jungermann, Pfister & Fischer, 1998). Den Hintergrund bildete eine strukturierte und hierarchische Organisation. Sie benötigt keine Kommunikation für das Fällen und die Geltendmachung von Entscheidungen. Alle relevanten Informationen und Kompetenzen können in diesem Modell auf den jeweils betroffenen Ebenen erwartet werden (Wimmer, 2006).

Diese Vernunftutopie erhielt Blessuren durch die Befunde von Herbert Simon (1955) zur eingeschränkten Rationalität bei Entscheidungen. In der Praxis wurden die Folgekosten der schwerfälligen Hierarchie und langwieriger Entscheidungen beklagt, bedingt etwa durch die mangelhafte Adaption des Wissens eigensinniger Experten (Scott, 1968). Mit anderen Worten, mit der wachsenden Bedeutung von Expertenwissen für plausible Entscheidungen entstanden nichthierarchische Austauschbeziehungen (Thompson, 1968). Eine mögliche Antwort, diese wichtigen Ressourcen in komplexe Entscheidungen einzubeziehen, war die Herausbildung von mehrdimensionalen Organisationsformen, wie etwa die Matrix-Struktur (Prahalad, 1988). Eine weitere Alternative wurde schon frühzeitig in Gruppen gesehen (Hofstätter, 1957), die im Kontrast zur schwergängigen Abstimmung über bürokratisierte Abläufe und die Linienorganisation auf unmittelbaren Kontakt und direkten Austausch von relevanten Informationen beruhen. Ihre direkte und ungefilterte Interaktion versprach mehr Kreativität und ein höheres Problemlösungspotenzial.

Einfluss von Experten auf Entscheidungen

Gleichberechtigtes Arbeiten und Entscheiden in Gruppen kam darüber hinaus den normativen Strömungen für eine industrielle Demokratie in den 60er- und 70er-Jahren entgegen, die sich in den frühen Konzepten der Organisationsentwicklung und Gruppendynamik immer wieder finden lassen (beispielhaft: Lauterburg, 1978, 1980). Heute ist die Sicht auf die Bedeutung von Gruppenentscheidungen deutlich nüchterner und wird vor allem in den folgenden Bereichen vermutet (Sarges, 2002):

Industrielle Demokratie

- in den fachlichen und sozialen Kompetenzen der Mitglieder,
- im Zusammenspiel der Mitglieder mit ihren Persönlichkeitstypen,
- in der Prozessgestaltung bei der Problemdiskussion und -lösung,
- in der Kompetenz des Leiters von Gruppen.

Nach wie vor geht es aber offenbar darum, in einem komplexen und konfliktreichen Umfeld das Zusammenspiel von Experten in einem moderier-

Abbildung 9:
Moderierte Diskussion in einer Kleingruppe

ten Prozess zu steuern, um zu plausiblen und nachvollziehbaren Entscheidungen zu gelangen (Siehe auch: Wenger, 1999, Romhardt, 2002 und Nijstad, 2009).

2.1.2 Konfliktmanagement und Gruppendynamik

Bei Entscheidungen in Gruppen „stehen sich eine Mehrzahl von Akteuren mit inkonsistenten Präferenzen gegenüber, sodass sich gleichsam auch ein politisches System ergibt" (March, 1990). Unterschiedliche Interessen und Ziele in Gruppen als Quelle von Konflikten wurden bereits in den 60er-Jahren entdeckt (Thompson, 1968). Sie stellten das rationale Modell für Entscheidungsfindung gleichfalls in Frage.

Themen-zentrierte Interaktion (TZI)

Beispielhaft für ein frühes, einflussreiches Modell zur Regelung von Konflikten in Teams kann das auf Ruth Cohn (1988, erstmals 1975) zurückgehende Konzept der themenzentrierten Interaktion (TZI) stehen. Viele der dort entwickelten Vorgehensweisen gingen nahtlos in die Methoden und Spielregeln der Moderation ein. In der TZI-Konzeption wurde erstmalig die Beziehungsebene in Gruppen gleichberechtigt neben die Sachebene gestellt, das Prinzip „Hilfe zur Selbsthilfe" als Leitgedanke für Teamkooperation formuliert und Regeln für die Lösung von Konflikten entwickelt. Zum Konzept gehört zudem eine ausgesprochen normative Orientierung, so etwa der Glaube an die Kompetenz und die Verantwortung von Gruppen zur selbstständigen Regelung ihrer Probleme und Konflikte (Löhmer & Standhardt, 2006).

Eines der differenziertesten neueren Konzepte zum Verständnis und zur Intervention in Konfliktsysteme geht auf Glasl (1990) zurück. Er betont die Unumgänglichkeit von Konflikten, arbeitet aber in seinem mehrstufigen Eskalationskonzept heraus, welche destruktiven Potenziale dort schlummern, wenn es nicht durch Führung oder eine „dritte Partei" gelingt, diese Dynamik zu unterbrechen. Analog zu den Eskalationsstufen von Konflikten unterscheidet er unterschiedliche Formen und Rollen bei der Konfliktintervention. In den anfänglichen Stufen gehört das zu den Aufgaben von Führungskräften, bei zugespitzten Debatten sollte man einen Moderator hinzuziehen. Je destruktiver jedoch der Konflikt wird, umso mehr wird die Unterstützung von spezialisierten Experten zur Konfliktregulierung notwendig, die über Erfahrungen im Umgang mit verhärteten Positionen verfügen. *Mediation* (Altmann, Fieber & Müller, 1999) ist ein Ensemble von Methoden der vorgerichtlichen Konfliktlösung, das Strategien aus dem Harvard-Verhandlungskonzept (Fisher, Ury & Patton, 1997) und der Moderation (Krainz & Simsa, 2005) verwendet. Konzeptionell lasst sich Mediation nahtlos in das Modell von Glasl einfügen.

Konflikt-eskalation

Theoretische Einsichten in die politische Dynamik von Organisationen und ihrem Konfliktpotenzial bietet ein Ansatz, der unter der Bezeichnung *Mikropolitik* (Crozier & Friedberg, 1979) inzwischen sogar Eingang in Lehrbücher über Führung gefunden hat (Neuberger, 2002). Diese Perspektive gestattet es, Akteure in Entscheidungsprozessen als Konkurrenten um knappe Ressourcen und mit unterschiedlichen Zielen zu sehen, die versuchen, durch taktisches Verhalten Interessen gegen andere durchzusetzen (Neuberger, 2002, S. 680 ff.). Das entspricht den Realitäten in Organisationen und den Erfahrungen zahlreicher Moderatoren, die etwa gut daran tun, vor dem Beginn ihrer Arbeit eine *Stakeholder-Analyse* durchzuführen, um das politische System der Organisation zu verstehen und sich in der Moderation darauf einzurichten.

Mikropolitik

2.1.3 Komplexitätsmanagement und vernetztes Denken

Die Verarbeitung von Wissen und Informationen bei Entscheidungen in Gruppen war und ist ein altes und neues Engpassthema in Unternehmen (Sarges, 2002). Es mangelt an der Fähigkeit, fachübergreifend und vernetzt zu denken sowie mit schlecht strukturierten Problemen und begrenzten Informationen umzugehen. Auch hier findet sich seit Jahren eine umfangreiche Theoriebildung, an die Moderation anknüpft. Es geht vor allem um das schrittweise Entfalten der Problemkomplexität, die Vernetzung des vorhandenen Wissens sowie dem Erkennen von behindernden Mustern, um ein gemeinsames Verständnis der Situation, von Optionen und Strategien zu erreichen.

Vernetzung von Wissen

Eine der frühen und einflussreichen Autoren war Vester (1974, 1975, 1980) mit dem Konzept des vernetzten Denkens. Diese populären Darstellungen richteten die Aufmerksamkeit darauf, dass Entscheider in komplexen Situationen allzu schnell mit linearen Mustern reagieren, weil sie ein Bedürfnis nach Kontrolle und klaren Ergebnissen haben. Vernetztes Denken beruht hingegen auf der Entfaltung des Verstehens des ganzen Systems, möglicher Einflussgrößen und dynamischen Wechselwirkungen sowie dem Ausloten von Optionen und Szenarien im Hinblick auf mögliche Strategien. Daraus resultiert ein mehr probierendes und optionales Vorgehen in offenen Situationen. Von besonderer Bedeutung ist – wie in der Moderation – die Visualisierung von Einflussgrößen und Wechselwirkungen, sodass sich im Team ein gemeinsames Bild von der Situation, von Zielen und möglichen Optionen bilden kann.

Kurzschlüsse beim Problemlösen

Aktuell hat Dörner in zahlreichen Studien und Simulationen (1983, 1989, 1998) auf den Zusammenhang von Komplexität und Kurzschlüssen beim Problemlösen hingewiesen. Was wir aus seiner Sicht in Organisationen benötigen ist:
– Erwerb von Wissen über Strukturen und Wechselwirkungen im System,
– Konstruktion von Handlungswissen über mögliche Lösungsstrategien,
– Kenntnis über die Dynamik von Systemen, etwa über Zeitverzögerungen,
– Gefühl für die Dosierung von Maßnahmen.

Diese kognitionspsychologischen Erkenntnisse aus dem Studium von Komplexität und Entscheidungsverhalten sind in betriebswirtschaftliche Führungsmodelle eingearbeitet worden (Ulrich & Probst, 1988). Malik (1986) verweist darauf, dass dennoch viele betriebliche Probleme aus einem Unverständnis komplexer Wechselwirkungen von Eingriffen und Reaktionen in Systemen entstehen und Probleme sich so noch verschlimmern. Die Rolle von Führung müsse sich mehr auf die Metaebene verlagern, also weniger auf die Optimierung von Zuständen, sondern auf die nachhaltige Entwicklung der Anpassungsfähigkeit für möglichst unterschiedliche Zustände. Richtig verstandenes Management von Komplexität führe nicht direkt zu konkreten Antworten, sondern zu mehr Sensitivität für die Eigenlogiken komplexer Ordnungen und den Vorstellungen, mit denen wir uns ihnen nähern. Diese Lernprozesse können durch professionelle Moderation unterstützt werden.

2.1.4 Theorien über Kommunikation

Entscheidungen und dann Kommunikation waren die Themen der Führungslehre seit den 60er-Jahren, anfänglich reduziert auf kybernetische Regelkreise und Sender-Empfänger-Modelle (Beer, 1966). Die weitaus interdisziplinärer ausgerichteten Arbeiten Batesons, Watzlawicks und der Palo Alto Schule (Marc & Picard, 1981) prägen heute das Verständnis in Theorie und Praxis. Soziale Systeme werden in diesem veränderten Bezugsrahmen als Beziehungen bzw. Kommunikation gesehen und konstituieren eine „eigenweltliche Matrix", in die alle Interaktionen eingebettet sind (Ruesch & Bateson, 1995, erstmals 1968). Luhmann (1984) hat im Anschluss daran die theoretischen Hintergründe der Selbstbezüglichkeit von sozialen Systemen differenziert ausgearbeitet und dort nochmals auf die zentrale Bedeutung der Kommunikation verwiesen:

- Kommunikation beruht auf einer Wahl, worüber kommuniziert werden soll.
- Sie beruht auf einer weiteren Entscheidung, in welchen sozialen Bezug sie mitgeteilt werden soll.
- Allerdings ist nicht absehbar, ob die vom Sender gemeinte Botschaft beim Adressaten auch so verstanden wird.

Kommunikation und Selbstbezüglichkeiten

Kommunikation ist gleichsam „ein leicht verderbliches Gut" (Neuberger, 1992, S. 151). Sie ist in vielerlei Hinsicht störbar, sie löst nicht immer aus, was gemeint war und es ist schließlich nicht ausgemacht, dass die durch sie getroffenen Unterscheidungen und Begrenzungen hilfreich sind. Das hat Konsequenzen für Führung, die Sorge dafür tragen muss, dass Kommunikation gelingt und auf die richtigen Unterscheidungen getroffen wurden. Sie sollte demzufolge selbst beobachtet und durch (Meta)Kommunikation verhandelbar gemacht werden. Dort kommt die Rolle des Moderators ins Spiel, der solche reflexiven Lernprozesse auslöst und die Selbstentwicklungsfähigkeit von Gruppen unterstützt.

2.1.5 Systemtheorie und Kybernetik

Der Begriff System legt nahe, dass im Zentrum dieser Betrachtung nicht einzelne Phänomene stehen, sondern ihre Beziehungen und Wechselwirkungen. Sie werden als sich selbst generierende Ordnungen begriffen, die ihre eigene Logik kreisförmig hervorbringen. Die Bedingungen der Reproduktion von Systemen sind zugleich die Produkte der Systeme (Luhmann, 1998, S. 57). Beiträge zum Verständnis von Systemen kamen und kommen aus unterschiedlichsten Disziplinen, Biologie, Technik oder Psychotherapie. Bedeutsam ist der Unterschied zwischen der *Kybernetik erster und zweiter Ordnung* (v. Foerster, 1993). In der Kybernetik erster Ordnung sind Systeme gekennzeichnet durch Feedback, Homöostase, Verarbeitung von Infor-

Kybernetik zweiter Ordnung

mationen und der Fähigkeit, sich durch Lernen an Veränderungen anzupassen. Ein außen stehender Berater bzw. Moderator sozialer Systeme kann in diesem Verständnis diese Logik durchschauen, Maßnahmen einleiten und sie verändern (Schmidt & Vierzigmann, 2006). Die Kybernetik zweiter Ordnung geht hingegen von einer deutlich weniger hervorgehobenen Rolle des Beobachters bzw. des Beraters aus: „alles Gesagte wird von einem Beobachter zu einem Beobachter gesagt" (v. Foerster, 1993, S. 84). Bei der Betrachtung und Veränderung der Realität lernen wir also zweierlei, über die Welt und über die Formen und Techniken, die dabei verwendet werden (Baecker, 2005, S. 10). Ein Berater bewegt sich selbst in einem Referenzsystem, das nicht über die Fähigkeit „objektiver Erkenntnis" verfügt, ebenso wenig ist ausgemacht, dass seine Beobachtungen verstanden werden und die gewünschten Impulse geben können. Moderation kann nur der Eigenlogik und Selbstorganisation dieser Systeme folgen, Hypothesen generieren und Fragen aufwerfen, die dort anschlussfähig sind und zugleich Irritationen auszulösen vermögen (Königswieser & Exner, 1998 sowie Boos & Heitger, 2004).

Ende des neutralen Beobachters

2.1.6 Humanistische Psychologie

Die humanistische Psychologie besteht aus verschiedenen Strömungen, die jedoch allesamt einen sehr emanzipatorischen Wertehintergrund teilen. Einer ihrer führenden Vertreter, Carl Rogers (1981, S. 66 f.), fasste die Quintessenz dieser Denkrichtung so zusammen: „Jeder Mensch verfügt über potenziell unerhörte Möglichkeiten, sein selbstgesteuertes Verhalten zu verändern; dieses Potenzial kann erschlossen werden, wenn es gelingt, ein klar definiertes Klima förderlicher psychologischer Einstellungen herzustellen." Die Repräsentanten dieser Denkrichtung wendeten sich gegen den vorherrschenden behavioristischen Determinismus, aber ebenso auch gegen das triebbestimmte Menschenbild der Psychoanalyse (Lück, 2004). In der Entstehungszeit der Moderation kamen aus der Humanistischen Psychologie wichtige Impulse für partizipative Führungsformen und kooperative Ansätze der Arbeitsorganisation. Aus dieser Theorietradition stammen schließlich eine Reihe von Grundwerten, die insbesondere in der Beratungsbeziehung auch für die Moderation nach wie vor bedeutsam sind und respektiert werden (Roth, 2006, S. 195).

Menschenbild der humanistischen Psychologie

Grundwerte in der moderatorischen Beraterbeziehung

– Berater nehmen gegenüber ihren Klienten eine Haltung ein, die durch Wertschätzung gekennzeichnet ist.
– Die Erlebniswelt des Klienten ist Ausgangs- und Zielpunkt beraterischen Handelns.

- Beratung besteht nicht in der Anwendung von Techniken, sondern in der Begleitung eines Prozesses.
- Beratung zielt darauf, Wachstumsbedingungen für das zu beratende System zu initiieren.

Obwohl Quellen und Motive der humanistischen Psychologie völlig unterschiedlich zur Systemtheorie sind, zeigen diese Leitsätze interessanterweise, dass sich in beiden Fällen ein sehr zurückhaltendes Beratungsverständnis von sozialen Systemen entwickelt hat. Beide Konzepte betonen die Autonomie und die Selbstorganisation von Systemen, beide begreifen den Berater als bescheidenen Impulsgeber, der eher zurückhaltend agiert und probiert.

2.1.7 Lernen in Organisationen und Instruktionspsychologie

Wegweisend für das Verständnis organisatorischen Lernens war das Ebenen-Konzept von Bateson (1985, erstmals 1972). Die sog. *Objektebene* umfasst spontane Lernprozesse, etwa Lernen durch Kopieren beim Arbeiten. Die *Metaebene* stößt Lernprozesse zur Verbesserung dieses Lernens an. Lernen auf der dritten Ebene befasst sich demzufolge mit Lernprozessen, um das *Lernen zu lernen*, ein Abstraktionsniveau, das „selbst bei menschlichen Wesen schwierig und selten ist", so Bateson (1985, S. 389 f.). Dies ist das Feld, in dem sich Berater bewegen, die sich mit sozialen Systemen befassen.

Ebenen organisatorischen Lernens

In der Einschätzung von Malik (1986, S. 58) liegen die relevanten Führungsprobleme primär auf der Metaebene, also in der Schwierigkeit, Selbstreflexion auszulösen und sich in der Führungsrolle als Teil von vorhandenen Problemen zu begreifen. Daraus entsteht die Notwendigkeit eines Beobachters und Moderators, der Führung gleichsam daraufhin betrachtet, wie sie führt und Rückmeldungen dazu gibt. Aufschlussreich ist die Reflexion dieser Reflexion, also der Umgang von Führungskräften mit diesem Feedback selbst. Kann dieser Zusammenhang thematisiert werden, bewegt sich die Reflexion auf Batesons Ebene drei. Das populäre Konzept der *lernenden Organisation* unterstützt diese Argumentation. Insbesondere wird dort auf die Bedeutung von Gruppen hingewiesen: „Nur wenn Teams lernfähig sind, kann die Organisation lernen" (Senge, 1996, S. 20). Lernfähigkeit heißt dort, das eigene Problem- und Konfliktlösungsverhalten gleichsam mitlaufend im Blick zu behalten und zur kritischen Debatte zu stellen.

In der theoretischen Interpretation der *Instruktionspsychologie* (Leutner, 2001) finden sich diese Erfahrungen wieder. Demzufolge verlagert sich der Fokus vom klassischen Instruktor auf die durch Trainer bzw. Moderatoren angeregte Befähigung zum selbstständigen Lernen, zum heuristischen Problemlösen und der Klärung von Beziehungen. Im Einzelnen zeigt sich diese Transformation in den folgenden Entwicklungen:

- Von der Produkt- zur Prozessorientierung,
- Von der Lehrer- zur Lernerzentrierung,
- Vom individuellen Lernen zum Lernen in sozialen Systemen,
- Vom zentrierten Unterweisen zu offenen Lernumgebungen,
- Von der Defizit-Orientierung zur Ressourcen-Orientierung.

Meta-kompetenzen

Die Übersicht belegt, wie sehr die Instruktionspsychologie von den skizzierten systemischen Basiskonzepten beeinflusst ist. Systeme konstruieren ihr Wissen im Lichte ihrer kognitiven, emotionalen und motivationalen Muster. Der Trainer bzw. Moderator befindet sich auch in dieser Sicht nicht in einer hervorgehobenen oder wissenden Position, er regt vielmehr Lern- und Reflexionsprozesse in offenen Situationen an. Das „ultimative Ziel" ist die Ausbildung von *Metakompetenzen*, nämlich die eigenständige Fähigkeit zum Lösen von Problemen und der Selbstorganisation (Leutner, 2001).

2.1.8 Psychologie der Wahrnehmung

Wie dargelegt, führte die Radikalisierung der Systemtheorie auf den Begriff der *Beobachtung* bzw. der Wahrnehmung. Damit kam die zirkuläre Verknüpfung des Beobachteten mit dem Beobachter in den Blick, der jedoch nicht als Entdecker, sondern als Erfinder begriffen wird (Foerster, 1992), mehr noch, das beobachtete System ist sich bewusst, dass es beobachtet wird und bleibt nicht ohne Reaktion etc. (Neuberger, 2002, S. 652). Aus dieser Erkenntnis ergaben sich bedeutsame Konsequenzen (Neuberger, 1992, S. 150):

Erfindung, nicht Entdeckung

- Beobachtung ist eine Relation zwischen Beobachter und Beobachtetem.
- Beobachtung ist rekursiv, Beobachter und Beobachtetes bleiben nicht dieselben.
- Beobachtungen sind Aussonderungen aus dem Umfeld, die als Ganzes gesehen werden.
- Das Beobachtete wird aktiv zusammengeführt bzw. konstruiert, es ist kein Reflex der Wirklichkeit.

Aus der Sicht moderatorischer Beratung besteht die Aufgabenstellung dann darin, fragend Außenbeobachtungen einzuführen, in der Hoffnung, dass sie beim zu beratenden System Reflexionen über sich selbst, ihrer Wahrnehmung und ihren Handlungen auslösen (Simon, 1992, S. 184 f.). Die Konsequenz aus diesem Ansatz ist kein Skeptizismus. Er mahnt lediglich dazu, einerseits die Eigenweltlichkeit der beobachteten Systeme zu würdigen, andererseits die Begrenztheit der eigenen Perspektive in Betracht zu ziehen. Daraus kann eine zutiefst auf Rücksicht, Respekt und Lernbereitschaft beruhende Beratungsbeziehung entstehen.

2.1.9 Selbstorganisation und Steuerung

Insgesamt umfasst das skizzierte Spektrum der Theoriebildung einen Zeitraum von einem guten halben Jahrhundert. Die gewonnenen Einsichten in die Unbestimmtheit und Vorläufigkeit von Entscheidungen, die u. a. durch das Verständnis von Komplexität, die Sensibilität für die Störbarkeit von Kommunikation und die Relativität von Wahrnehmungen sowie das Begreifen der eigenbezüglichen Dynamik von sozialen Systemen verursacht werden, wirft die Frage nach der Bedingung der Möglichkeit der Steuerbarkeit von Organisationen neu auf. Wenn Entscheidungen kontingent sind, wenn in jeder Entscheidung „die Aufforderung zur Dekonstruktion ständig mitläuft" (Luhmann, 2000, S. 142), erhebt sich die Frage, wie gleichwohl koordiniertes Handeln in und zunehmend auch zwischen Organisationen zur Erreichung von gemeinsamen Zielen entstehen kann.

Moderation kommt hier praktisch ins Spiel, weil es immer häufiger darum geht, hinderliche oder begrenzende Muster und Entscheidungsprämissen zu hinterfragen und zu irritieren, um neuen und originellen Lösungszugängen in Problemsituationen Raum zu verschaffen. Sie ist insofern sowohl Teil als auch als Auslöser und Impulsgeber einer sich abzeichnenden Theorie der Intervention, Steuerung und Selbstorganisation zu sehen (Willke, 1996). Mit ihren Vorgehensweisen und dem dahinter liegenden Selbstverständnis können plausible Lösungen in offenen Verfahren mit vorhandenen Ressourcen generiert werden. Sie macht den Akteuren verfügbar und verhandelbar, was unter den jeweils gegebenen Umständen möglich ist. Das ist eine pragmatische und ausgesprochen Ressourcen-, Handlungs- und Zukunfts-orientierte Sichtweise. Moderation baut darauf, dass soziale Systeme, jenseits der mit Amt und Würden versehenen Autoritäten über die inhärente Fähigkeit verfügen, in offenen und mehrdeutigen Situationen emergente Prozesse auszulösen, wo selbstorganisiert neue Muster entstehen, quasi unbeabsichtigt und oftmals auch ganz zufällig. Das ist schwer zu akzeptieren, wenn man von der Kontrollillusion der alten Rationalitätsmodelle geprägt wurde. Die Pointe besteht darin, dass man die Kontrolle erst verlieren muss, um sie – für eine ungewisse Zeit – zu gewinnen.

Moderation und Selbstorganisation

2.2 Modelle der Moderation

Oft verbindet man mit Moderation zunächst nur einen einfachen Workshop oder ein Brainstorming, aber das ist nur eine der Anwendungen begleiteter Meinungsbildung und Entscheidungsfindung (Abb. 10).

Im Folgenden werden zu diesen verschiedenen Modellen und Anwendungen einige erläuternde Bemerkungen gemacht.

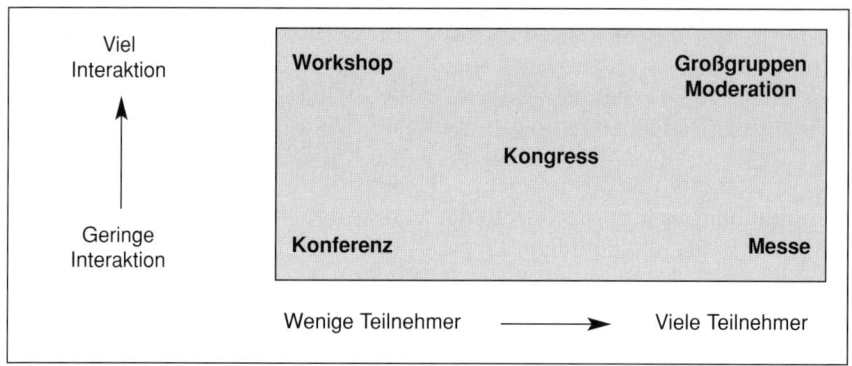

Abbildung 10:
Modelle und Formen der Moderation

2.2.1 *Workshop-Moderation*

Ein klassischer moderierter Workshop dauert, in der Regel einen oder zwei Tage, die Zahl der Teilnehmer schwankt zwischen vielleicht 10 oder 20. Bearbeitbar sind im Rahmen dieses Arrangements Themen „mittlerer Reichweite", also etwa Teilprobleme im Rahmen eines strategischen Prozesses oder eines Projektes. Am Ende eines Workshops stehen im Allgemeinen konkrete Tätigkeiten, die im Kontext des größeren Vorhabens vereinbaren, was genau nun schrittweise umgesetzt werden soll (Abb. 11).

	Beispielfragen:	**Ebenen:**
Allgemein	Wie entwickeln wir unsere strategischen Marktpositionen?	Change Prozess
↑	Wie binden wir die Händler ein?	
	Welche Anforderungen ergeben sich neu für den Außendienst?	Beispiele für Workshop-Themen
	Wie gehen wir mit den Eintrittsbarrieren in den Märkten um?	
↓	Entwicklung eines Rabatt-Systems für Händler	Beispiele für Tätigkeiten
Konkret	Entwicklung eines Schulungskonzeptes für den Außendienst	

Abbildung 11:
Abgrenzung möglicher Workshop-Themen

2.2.2 Kurzmoderation

Es ist auch möglich, die einzelnen Sequenzen eines Workshops in getrennte Arbeitsintervalle aufzuteilen. Die Gruppe trifft sich dann in Abständen immer wieder, um ihr Problem zu lösen. Das ist ein sinnvolles Verfahren, wenn wenig Zeit zur Verfügung steht und die Teilnehmer erheblichen organisatorischen Aufwand betreiben müssen, um sich für einen längerfristigen Zeitraum zu treffen. Die einzelnen Arbeitsschritte werden auf eine Sequenz von Sitzungen von jeweils wenigen Stunden aufgeteilt. Der Vorteil besteht darin, dass sich diese Verfahren besser in den Arbeitsalltag integrieren. Man kann die Zwischenzeiten benutzen, um Versuche, Erprobungen sowie weitere verabschiedete Arbeitsschritte durchzuführen. Jede neue Sitzung endet daher mit der Einigung über konkrete Tätigkeiten und beginnt mit einem Controlling der vereinbarten Aktivitäten. Wichtig dabei ist, dass die Abschnitte zwischen den einzelnen Arbeitstreffen nicht zu groß werden, um den Spannungsbogen nicht abreißen zu lassen. Gute Erfahrungen gibt es mit diesem Vorgehen im Rahmen von Prozessen zur kontinuierlichen Verbesserung (KVP). Die Arbeitsgruppe verbindet so die Projektarbeit mit ihren täglichen Arbeitsprozessen, sodass unmerklich beides ineinander übergeht und Wandel entsteht.

2.2.3 Konferenzmoderation

Überall finden täglich Dutzende von Konferenzen und Sitzungen statt, in denen Entscheidungen getroffen, Informationen ausgetauscht, Meinungen gebildet und Maßnahmen erörtert werden. Sie sind ein klassisches Führungsinstrument, das jedoch unter vielen Mängeln leidet, von persönlicher Selbstdarstellung über Zerreden bis zu mangelnder Strukturierung und Entscheidungsschwäche. Nicht zufällig sind „Meetings" in Organisationen Gegenstand zahlreicher Witze, in denen die „gefühlte" Unternehmenskultur zum Ausdruck kommt. Die Nutzung moderatorischer Elemente und Spielregeln kann auch dort hilfreich sein, wenngleich die typischen Arrangements von Konferenzräumen eher auf den Leiter zentrierte Interaktionen **Interaktivität in Konferenzen** auslösen. Es hindert ihn aber niemand daran, etwa eine fragende Haltung einzunehmen, die Gruppe einzubeziehen, Reflexionen auszulösen oder die Ergebnisse zu visualisieren (Suter, 1999). Folgende Möglichkeiten bieten sich an:

Moderatorische Elemente für die Gestaltung von Konferenzen
– Schaffen von Transparenz durch gemeinsame Einigung, Priorisierung und Konkretisierung der Tagesordnung, – Darlegung oder Präzisierung der Ziele der einzelnen Punkte sowie Einholen der Teilnehmer-Sichten,

- Gezielter Einsatz von Fragetechniken und Zurückhaltung mit eigenen Sichten oder Bewertungen,
- Visualisierung der Diskussion,
- Konflikte offen legen und Klärungen einleiten,
- Reflektierende Fragen zum Prozess und den erreichten Ergebnissen,
- Beteiligungsspielräume verdeutlichen und Restriktionen offen legen.

Es gibt zudem gute Erfahrungen damit, die Moderation in einem Leitungsteam unter den Mitgliedern rotieren zu lassen.

2.2.4 Konfliktmoderation

Wenn es sich im Rahmen eines Workshops nicht nur um ein Brainstorming o. Ä. handelt, ist Moderation per definitionem eigentlich immer Konfliktmoderation, weil in allen Entscheidungsprozessen stets unterschiedliche Interessen im Spiel sind. Gleichwohl ist es möglich, dass Beziehungsthemen stärker im Vordergrund stehen und die Einigung behindern.

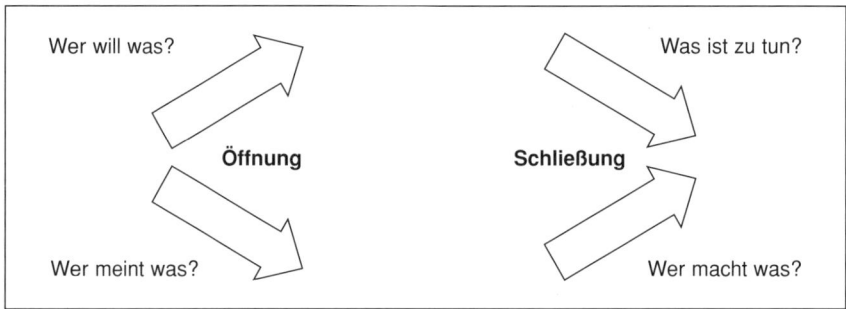

Abbildung 12:
Verständigungsbewegungen in der Konfliktmoderation

Öffnung und Schließung

Die „Bewegung" der Gruppe durch eine eher konfliktäre Sequenz (Abb. 12) erfordert eine besondere Sorgfalt beim Öffnen der möglichen Perspektiven und beim Ausloten von Lösungen, weil in Konflikten die jeweiligen Wahrnehmungen deutlich rigider und emotional aufgeladener sind. Das Prinzip des Vorgehens lässt sich als kontrollierte Entfaltung der vorliegenden Problematik darstellen (Redlich, 1997, S. 26). Die Rolle des Moderators richtet sich insbesondere zu Beginn auf das schrittweise Entfalten des Beziehungsgeflechtes und der Offenlegung der Interessenlagen (Freimuth, 2001). Tastend kommen inneres Erleben und die zwischenmenschlichen Beziehungen auf den Tisch. Ziel ist es jeweils zu erkennen, dass Sichten und Betroffenheiten unterschiedlich sein können. Wenn all das zum Ausdruck gebracht wurde, kann sich die Moderation dem Auspendeln eines gemeinsamen Beschlusses und der Formulierung von Regeln und Vereinbarungen zuwenden.

2.2.5 Kongresse und Messen

Diese traditionellen Formen des Austausches zwischen vielen Beteiligten lassen sich gleichfalls durch moderatorische Elemente anreichern. Kongresse bestehen normalerweise aus Vorträgen. Es folgt dann eine kurze Gelegenheit zur Diskussion. Man kann diesen Austausch deutlich intensivieren, indem eine tagungsbegleitende Moderation angeboten wird (Klebert, Schrader & Straub, 2002). Dazu wird das Plenum aufgelöst und es werden kleinere Moderationsstände gebildet. Die Teilnehmer können sich die dort erarbeiteten Ergebnisse nach Abschluss bei einem Rundgang durch die Stände ansehen, erläutern lassen und aktiv eigene Beiträge leisten. Das ist nicht nur ein belebendes und anregendes Element, es fördert zugleich den Austausch und bindet die Anwesenden aktiv ein.

2.2.6 Großgruppen-Moderation – Frühe Formen

Großgruppen umfassen zuweilen Hunderte von Akteuren, die vor einer komplexen Problematik stehen, unklare und widersprüchliche Ziele haben, dennoch zu gemeinsamen Handlungen kommen wollen, ohne über Formen und Regeln der Entscheidungsfindung zu verfügen. Es sind offene Systeme, die darauf angewiesen sind, sich selbst zu organisieren, anders ausgedrückt, sich von einem Problem- und Konfliktsystem zu einem ziel- und handlungsfähigen System zu entwickeln. Eine der wichtigsten Effekte der Moderation von Großgruppen besteht darin, dass die anwesenden Akteure sich als System begreifen lernen. Diese Erkenntnis wird durch ihre gemeinsame Anwesenheit in einem Raum und die dort erlebte Offenheit ausgelöst. Erste Versuche gab es in den 70er-Jahren im Rahmen der Verbreitung der Moderation. Man kann sich diese Verfahren in etwa wie einen Marktplatz vorstellen, auf dem im Rahmen eines Leitthemas an unterschiedlichen Ständen simultan und geleitet vom Teilnehmerinteresse moderierte Diskussionen stattfinden.

Märkte für Einigungsprozesse

Beteiligungsformen bei der Moderation von Großgruppen
– Übersichtsstände – Sie zeigen den Teilnehmern, was wo stattfindet.
– Informationsstände – Sie dienen der Veranschaulichung von Themen; sie können spontan besucht werden.

– Arbeitsstände – Hier werden Sachthemen angeboten und bearbeitet;
  der Zeitrahmen ist definiert, die Teilnehmer wechseln nach Ablauf.
– Workshops – Hier werden eher Konfliktthemen angeboten; die Teilnehmer bleiben dort gleichfalls bis zum Ende der definierten Zeit.
– Spontanstände – Sie bilden sich auf eigene Initiative der Teilnehmer.
– Sonstiger Raum – Er steht den Teilnehmern zum spontanen Austausch
  und zur Kommunikation zur Verfügung.

Das Design einer derartigen Großveranstaltung kann unterschiedlich sein.
Es hängt ab von der Menge der Teilnehmer, der verfügbaren Zeit, der Komplexität der Themenstellungen sowie den vermuteten Spannungsfeldern.
Des Weiteren muss bei der Planung bedacht werden, welcher Art die Ergebnisse am Ende der Veranstaltung sein sollen.

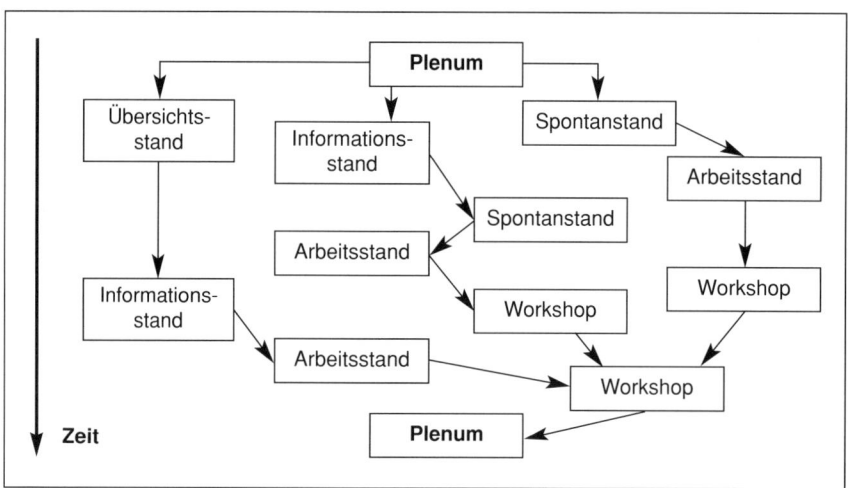

Abbildung 13:
Schematischer Ablauf eines Kommunikationsmarktes

Prinzipiell beginnen Großgruppen-Moderationen mit einem orientierenden
Teil im Plenum und enden auch dort, um das Erreichte zu veranschaulichen
und Perspektiven für das weitere Vorgehen zu weisen (Abb. 13). Das Plenum bildet damit gleichsam die Klammer der Veranstaltung, das anfänglich
eine erste Orientierung und am Ende den Eindruck vermitteln sollte, was
erreicht wurde und wie die nächsten Schritte aussehen.

Anlässe für Großmoderationen sind stets komplexe und konfliktreiche Themen in und zunehmend zwischen Organisationen, jedoch mit deutlich mehr
Betroffenen, deren Mitgestaltung unumgänglich ist, um nachvollziehbare

42

und getragene Ergebnisse zu erhalten. Die Dimension solcher Formate spiegelt einen deutlichen Wandel der Anforderungen an Entscheidungen, die innerhalb der etablierten Hierarchien nicht mehr zu bewältigen sind.

2.2.7 Großgruppen-Moderation – Neue Formen

Wir erleben gegenwärtig eine Konjunktur neuer Konzepte der Moderation von Großgruppen. Dazu gehören Zukunftskonferenzen, Real Time Strategic Change (RTSC) oder Open Space (Überblick: Bunker & Alban, 1997; Holman & Devane, 2002 sowie Bruck & Müller, 2007). Parallel zu den verschiedenen Formen von Teams entsteht mit Großgruppen ein neues Phänomen in der sozialen Wirklichkeit. In vielen inner- und zwischenbetrieblichen Entscheidungen sind zuweilen Hunderte von Akteuren betroffen, mit unterschiedlichen Wahrnehmungen und Interessen, keinen Spielregeln für Einigungsverfahren und daher mit einem Potenzial für Konflikteskalation (Freimuth & Schütte, 2006). Damit bekommt die Frage nach adäquaten Steuerungsformen in modernen Organisationen eine neue Qualität und eröffnet neue Anwendungsbereiche für Moderation (Freimuth, 2005). Großgruppen entstehen heute in Wirtschaft und Gesellschaft durch die im Kasten aufgeführten *Megatrends*.

Notwendigkeit von Großgruppen-Moderation

Megatrends

- Die Einigung über strategische Fragen für eine ungewisse Zukunft benötigt die Sachkenntnis von Experten sowie die Ressourcen, die Akzeptanz und das Engagement einer Vielzahl der von diesen Entscheidungen betroffenen Akteure (Stakeholder).
- Zwischen Organisationen lösen sich die Grenzen auf und führen zu offeneren Formen der Kooperation, Netzwerke, Projekte oder Joint Ventures, in denen unterschiedlichste Akteure Entscheidungen aushandeln müssen.
- Die Globalisierung führt dazu, dass Menschen mit unterschiedlichen kulturgeprägten Wahrnehmungen in Organisationen aufeinander treffen, die zunächst nicht über geeignete Formen der Verständigung verfügen.
- In allen modernen Gesellschaften vermehren sich schließlich Gegensätze zwischen Interessengruppen und Organisationen, die institutionell nicht mehr einfach geregelt werden können.

Organisationen differenzieren sich intern und öffnen sich gegenüber ihrem Umfeld. Die Differenzen zwischen Innen und Außen verschwimmen, es entstehen offenere Systeme, die neue Formen der Koordination, Kooperation und Moderation verlangen. Wie ist im Angesicht von solch widersprüchlichen, unklaren und veränderlichen Ansprüchen und Einflüssen unterschiedlicher Stakeholder koordiniertes Handeln in Großgruppen gleichwohl möglich (Weisbord, 1987, S. 263 f.)? Empfehlungen können dem Kasten entnommen werden.

Koordiniertes Handeln in Großgruppen

Das gesamte System muss in einen Raum versammelt und beteiligt werden, um sich als Gesamtheit zu erleben.
– Das Ziel ist es nicht, perfekte Konzepte, sondern Handlungsfähigkeit herzustellen; Konzepte entstehen beim „Machen".
– Der Fokus liegt auf Zukunftsorientierung.
– Schließlich geht es um das Schnüren von Aufgaben, welche von den Beteiligten aus eigener Kraft erledigt werden können.

Raumzeitliche Bezüge

Nahezu alle moderneren Ansätze der Moderation von Großgruppen nehmen in ihren Bezeichnungen interessanterweise raumzeitliche Bezüge auf, beispielsweise Open Space, Zukunftskonferenz oder Real Time Strategic Change. Diese Bezugnahme auf unsere elementaren Orientierungsmuster ist sicherlich nicht zufällig. Diese Begrifflichkeit verweist darauf, dass Wandel eine tastende Bewegung in eine terra incognita und ungewisse Zukunft ist. Die Teilnehmer bewegen sich an Grenzen und jenseits davon, sie versuchen, sich neue Horizonte zu eröffnen und verlassen ihre Standpunkte. Es sind die unstrukturierten Räume und die unbeschriebenen Papiere auf den Pinnwänden, die diese irritierende Erfahrung symbolreich zum Ausdruck bringen. Die Teilnehmer kommen nicht umhin, sich gemeinsam auf den Weg zu machen und den Wandel am eigenen Körper sinnlich zu erfahren. Selbst der Steuermann, um die Analogie auf die Spitze zu treiben, weiß nicht, wohin die Reise führen wird.

Man kann die vorliegenden Ansätze der Moderation von Großgruppen im Hinblick darauf, wie sie auf diese raumzeitlichen Bezüge des Wandels eingehen, recht gut unterscheiden (Tab. 2).

1. Zukunftskonferenz

Die Zukunftskonferenz dauert drei Tage. Ihr Verlauf ist durch standardisierte Fragestellungen und ein wenig variables Moderationskonzept festgelegt. Die Grundidee besteht darin, die Teilnehmer durch eine Reise in ihre Vergangenheit, Gegenwart und möglichen Zukünfte zu führen, die am letzten Tag zu gemeinsamen Handlungskonzepten führt. Zukunftskonferenzen eig-

Ansatz/ Konzeption	Raumkonzept	Zeitkonzept	Moderator
Zukunftskonferenz	Teilnehmer sitzen an Tischen in kleinen Gruppen	Weitgehend standardisierte Dramaturgie	Steuert den Ablauf entlang der geplanten Dramaturgie
Real Time Strategic Change (RTSC)	Teilnehmer sitzen an Tischen in kleinen Gruppen	Standardisierte Module, die variabel kombiniert werden können	Steuert den Ablauf unter flexibler Verwendung der Module
Open Space	Offener Kreis und Märkte	Bis auf den Einstieg keine feste Dramaturgie	Definiert den Kontext und bleibt dann im Hintergrund
Appreciative Inquiry (AI)	Flexibles Raumkonzept, beginnend mit Interviews zu zweit, Gruppenarbeit an Tischen und Plenar-Arbeit	Phasen mit unterschiedlich gestaltbaren Elementen	Steuert den Ablauf im Rahmen der Phasen, abhängig von Themen- und Gruppendynamik

nen sich dafür, gemeinsame Visionen oder Strategien zu entwickeln. Innerhalb dieses strikten, aber oftmals bewährten Rahmens wird den Teilnehmern bewusst, was ihre gemeinsamen Wurzeln sind, wo ihre offenen Themen liegen und welche Optionen sich ihnen künftig erschließen. Sie werden in diesem Rahmen schrittweise vom Moderator geleitet, aber dort arbeiten sie sehr eigenverantwortlich und organisieren sich selbst (Weisbord & Janoff, 2001).

2. *Real Time Strategic Change (RTSC)*

Eine Großgruppen-Moderation nach dem Verständnis RTSC unterscheidet sich nicht von den Logiken, die jedem Workshop zugrunde liegen. Wie der Name sagt, wird der Ansatz für die Entwicklung von strategischen Ausrichtungen verwendet. Er ist aber auch geeignet für Fragestellungen im Rahmen von Change-Vorhaben, die auf kulturellen Wandel oder neue Strukturen zielen. Die thematische Variabilität ist also höher als bei Zukunftskonferenzen. RTSC dauert in der Regel zwei oder drei Tage, beginnt mit Zielsetzungen, gefolgt von einer Phase der Sensibilisierung sowie einem Blick auf die vorhandenen Ressourcen und endet mit der Planung von Aktivitäten. Innerhalb dieses Rahmens können unterschiedliche methodische Bausteine

Phasen beim RTSC

eingesetzt werden, die von der Problemstellung und der Gruppenkonstellation abhängen. Dabei kann es sich um beispielsweise um Trendanalysen, Szenarien, Widerstandsanalysen oder Projektvorschläge handeln. Die Moderatoren planen diesen Ablauf, steuern und strukturieren ihn, aber „sie tun gerade das Notwendige, das geschehen muss, damit die ganze Konferenz vorwärts geht" (zur Bonsen, 2005, S. 163). Die Interventionen sind also recht sparsam, die Moderation wirkt eher im Hintergrund.

3. Open Space

Anfänglich Offenheit und Gruppen-dynamik

Im RTSC und in der Zukunftskonferenz sitzen die Teilnehmer an Tischen in kleinen Gruppen, wobei konkrete Rollen definiert werden, wie z. B. Diskussionsleitung, Präsentation oder Zeitmanagement. Diese Arrangements ermöglichen lokale Interaktionen. Im Gegensatz dazu symbolisiert das Setting von Open Space viel radikaler die Offenheit der Problemstellung und die Verantwortung der Gruppe für ihr Tun. Die Teilnehmer sitzen anfänglich in einem gemeinsamen Kreis. Der Moderator erläutert die Zielsetzung und das Verfahren, dann fordert er die Gruppe auf, sich auf ihre Themen zu besinnen und selbst dafür zu sorgen, dass sie gelöst werden. Das führt anfänglich häufig zu einer gewissen Unsicherheit. Aber es gibt immer in solchen Gruppen Teilnehmer, die diese Leere aufgreifen und beginnen, sie mit ersten Vorschlägen auszufüllen. Der Einstieg in die eigentliche Arbeit besteht in der Bildung von Märkten, in denen zunächst Einzelne und dann immer mehr Teilnehmer Themen ausloben und versuchen, dafür Gleichgesinnte zu akquirieren. Sie organisieren sich selbst um ihre Thematiken herum, diskutieren Probleme, Optionen und Lösungen, die am Ende der Konferenz zusammengeführt werden. Im Vergleich zu den anderen Ansätzen ist Open Space aus der Perspektive der Selbstorganisation sicherlich der radikalste Weg, was auch in den Leitsätzen des Modells zum Ausdruck kommt (Owen, 2001).

Leitsätze von *Open Space*
– Wer immer kommt, es sind die richtigen Leute.   – Was immer geschieht, ist das Einzige, was geschehen kann.   – Es fängt an, wenn die Zeit reif ist.   – Vorbei ist vorbei.

Der Moderator plant weder eine feststehende Dramaturgie, noch ein räumliches Arrangement mit definierten Kleingruppen. Das Treffen, das im Allgemeinen ebenfalls zwei bis drei Tage dauert, ist dann erfolgreich, „wenn sich ein ganz eigenes Raum- und Zeitverständnis herausbildet" (Owen, 2001, S. 76), mit anderen Worten, wenn die Teilnehmer beginnen, sich selbst zu organisieren und die Leere zu füllen. Die Rolle des Moderators besteht darin, durch dosierte Präsenz und möglichst durch Nichteingreifen sein Vertrauen auf die Kompetenz der Teilnehmer und auf den Erfolg des Prozesses zum Ausdruck zu bringen. Aus dieser Skizze wird deutlich, dass sich Open Space eher eignet für Problemstellungen, wo vermutet werden muss, dass die Teilnehmer nur sehr wenige Gemeinsamkeiten und Ziele haben bzw. die Lösungsrichtungen weitgehend offen sind. Es ist daher zu empfehlen, besonderen Wert auf die Sicherung der Ergebnisse und das Nachhalten der vereinbarten Aktivitäten zu legen, damit die Veranstaltung nicht umsonst war.

Moderator beim Open Space

4. Appreciative Inquiry (AI)

Großmoderation mit AI dauert in der Regel drei Tage. Man unterscheidet dabei die Phasen: Erkunden und Verstehen, Visionieren, Gestalten und Umsetzen. In diesen Phasen werden unterschiedliche Arbeitsschritte angestoßen, die von der Thematik und Gruppengröße und Gruppendynamik abhängen. Ein neues Element in diesem Konzept ist das *wertschätzende Interview*, das zumeist zu Beginn eingesetzt wird. Die Teilnehmer begeben sich nach der Einleitung in Zweiergruppen und tauschen ihre Erfahrungen, Ideen und Hoffnungen über die Organisation aus. Damit entsteht ein Setting, in dem sich die anfänglich erlebte Unklarheit löst. Die Ergebnisse werden zunächst in Kleingruppen und dann im Plenum zusammengefasst, um ein erstes Selbstbild der Organisation und ihren Ressourcen zu generieren. Diese Bewusstwerdung und die Veränderung der Selbstwahrnehmung des Systems ist das wichtigste Ziel von AI. Die Methode eignet sich daher besonders für Vorhaben, die einen schnellen kulturellen Wandel auslösen wollen (zur Bonsen & Maleh, 2001).

Wertschätzendes Interview

AI umfasst darüber hinaus folgende Grundsätze, die für alle Formen der Großgruppen-Moderation gelten.

Grundsätze des *AI*
– Systemorientierung – Es müssen alle Betroffenen im Raum sein und ihre Perspektiven einbringen können.
– Zukunftsorientierung – Die Perspektive richtet sich nicht auf die Vergangenheit, sondern auf eine gemeinsame Zukunft.
– Ressourcenorientierung – Die Frage ist stets, was unter den gegebenen Umständen möglich ist.
– Handlungsorientierung – Schließlich kommt es darauf an, jene Aktivitäten und Handlungsschritte zu vereinbaren, die zu der Gruppe und dem Stand ihrer Problemlösung passen.

Betrachtet man aus der Perspektive dieser Leitsätze den Lösungsprozess von Großgruppen, dann wird der moderatorische rote Faden erkennbar, der dort hilft, Komplexität und Konflikte zu akzeptieren, aufzugreifen und unter Abwägung aller widersprüchlichen Ziele sowie der vorhandenen Ressourcen, mögliche Optionen und Handlungsalternativen auszuloten (Abb. 14). Es handelt sich insgesamt um äußerst fruchtbare Verfahren der Einigung von Akteuren, deren Relevanz bereits vielfach unter Beweis gestellt wurde. Ihr Potenzial für die Lösung von Problemen moderner Gesellschaften ist noch nicht annähernd erkannt und ausgeschöpft.

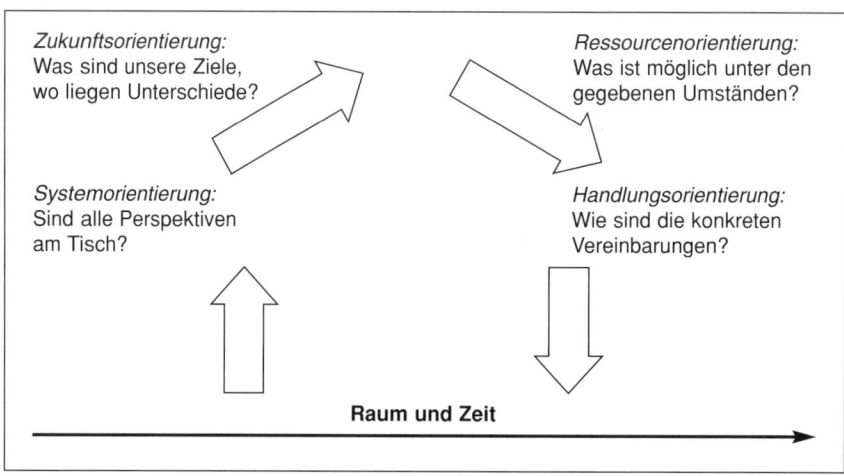

Abbildung 14:
Großgruppenmoderation aus der Perspektive von AI

Verbindet man die hier vorgestellte Übersicht der Entwicklung von Modellen der Moderation von großen Gruppen mit den anfänglich dargestellten Theorie-Entwicklungen, dann wird deutlich, wie stark der Aspekt der Selbstorganisation von sozialen Systemen heute das Bild prägt. Die Rolle der Moderation reduziert sich dabei sehr sparsam auf die Sicherung adäquater Arbeitskontexte, auf einige methodische Hinweise, der Beobachtung des Prozesses und auf dosierte Interventionen. Sie richten sich in erster Linie darauf, das Potenzial der Lern- und Selbstorganisationsfähigkeit der versammelten Akteure zu stärken.

3   Analyse und Maßnahmenempfehlung

Die Entscheidung für eine Moderation fällt in einem organisatorischen Kontext, den der Moderator für die Abstimmung seiner Vorgehensweise natürlich kennen und beachten muss. Dazu zählt u. a., um welche Art von Organisation es sich handelt, welcher Kooperations- und Führungsstil vorherrscht oder welche Interessenlagen die Beteiligten dort haben. Intensiv zu diskutieren und zu verhandeln sind die Ziele, also die Erläuterung der Frage, was genau nach der Moderation anders sein soll und woran das zu erkennen sein wird. Zu den wichtigen Bedingungen, die vorab definiert werden müssen, gehört die genaue Klärung des Beteiligungsspielraums der Gruppe bzw. die Kenntnis, was als Kontext zu akzeptieren ist. All das sollte vor der geplanten Veranstaltung zumindest ansatzweise betrachtet und wenn möglich schon entschieden werden. Das dient für die betroffene Organisation und ihre Akteure zur ersten Selbstklärung.

Selbstklärungen in der Organisation

Oftmals trifft man als Moderator jedoch die Situation an, dass viele dieser Fragen noch offen sind oder nicht angesprochen wurden. Dann müssen im Vorgespräch die entsprechenden Klärungen und Sondierungen nachgeholt werden. Darüber hinaus sollte der Moderator die Frage aufwerfen, welche Lösungen bereits zur Veränderung des in Frage stehenden Problems ausprobiert worden ist und welche Hypothesen für das Scheitern dieser Versuche genannt werden. Die gemeinsame Diskussion über diese Themen gehört bereits zum Prozess und ermöglicht beiden Seiten durchaus schon erste hilfreiche Einsichten und Reflexionen. Der Moderator entwickelt darüber hinaus ein Gefühl dafür, wie er möglicherweise vorgehen kann und was zudem eher nicht Betracht kommt, um die vereinbarten Zielsetzungen zu erreichen (Bamberger, 2001 sowie Schmidt & Berg, 1995). Dieser Prozess bildet einen Gegensatz zu dem eher traditionellen Verständnis von Beratungsbeziehungen, die im Wesentlichen aus voneinander abgekoppelten Phasen wie Briefing, Präsentation und Auftragserteilung bestehen (Kleves, 2002 sowie Güttler, 2002). Eine Bedingung für eine erfolgreiche Moderation ist Kontakt, Wertschätzung und Verständnis, die im Dialog entsteht, weil die Lösungen nicht auf der Hand liegen und im System selber entstehen müssen (Nußbeck, 2006).

Absprachen mit dem Moderator

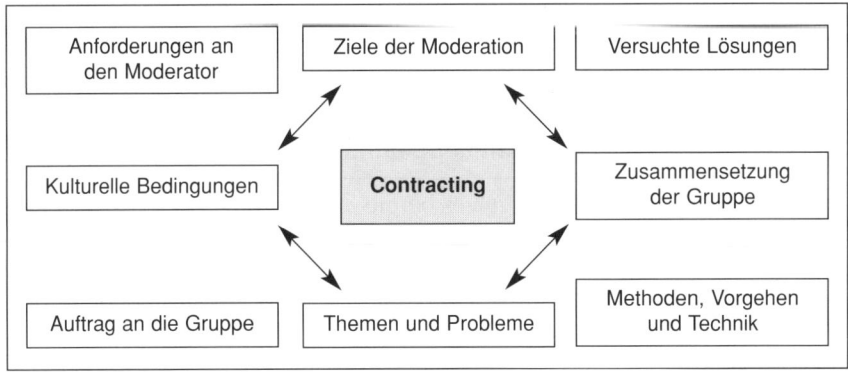

Abbildung 15:
Klärungen und Contracting im Vorfeld der Moderation

Schließlich müssen einige formale und technische Voraussetzungen und Bedingungen erfüllt sein, um eine Moderation erfolgreich werden zu lassen, die gerne unterschätzt oder vergessen werden. Sie haben aber einen Einfluss auf das Arbeitsklima und die Qualität der Ergebnisse (Abb. 15).

Basierend auf der Grafik stellt sich im Detail für die Beteiligten nun der nachfolgende Klärungsbedarf:

Der erste Block der Fragen sollte zunächst innerhalb des betroffenen Systems vorab geklärt werden, soweit es möglich ist. Nach der erfolgten Auswahl des Moderators sollten sie nochmals mit ihm diskutiert und gegebenenfalls neu betrachtet werden. Darüber hinaus wird der Moderator eine Reihe von weiteren Fragen aufwerfen, die für seine Meinungsbildung wichtig sind. Dazu gehören auch die bereits genannten Rahmenbedingungen sowie erste Überlegungen zum konkreten Vorgehen. Am Ende der Verhandlung im Vorfeld steht ein gemeinsamer Kontrakt, der die Grundlage für die Arbeits- und Kooperationsbeziehung zwischen Auftraggeber und Moderator bildet.

Klärung der kontextuellen Bedingungen und Ziele

- Sind die Themen und Probleme prinzipiell für Moderation geeignet?
- Was sind die kulturellen Besonderheiten der Organisation und wie passen sie zur moderatorischen Arbeitskultur?
- Was ist das Ziel der Moderation und wo liegt der Beteiligungsspielraum der Gruppe?
- Welche Anforderungen sind bei der Wahl des Moderators zu beachten?

Besteht erste Klarheit in der Organisation über diese Fragen, geht es an die konkrete Auswahl des Moderators und die detaillierten Absprachen mit ihm. Das betrifft einmal die weitere Diskussion der oben genannten Fragen sowie die Vereinbarungen über die formalen Rahmenbedingungen und möglichen Vorgehensweisen.

Klärung der Vorgehensweisen, konzeptionelle Sondierungen und Rahmenbedingungen

- Welche Lösungsversuche gab es bereits, wie wird der Erfolg beurteilt, woran sind sie möglicherweise gescheitert?
- Wie setzt sich die Gruppe zusammen, wer ist betroffen, wer beteiligt?
- Welche Rahmenbedingungen müssen für eine gelungene Moderation erfüllt sein?
- Wie geht man konkret im Workshop vor?
- Welche Spielregeln und Vereinbarungen sollten schließlich zwischen Moderator und Auftraggeber explizit besprochen werden (Contracting)?

Im Folgenden werden zu den hier aufgeworfenen Fragestellungen und vorherigen Klärungen eine Reihe von vertiefenden Überlegungen, Anregungen und Vorschlägen gemacht.

3.1 Geeignete Themen für Moderation

Es gibt Themen und Problemstellungen, die prinzipiell für einen moderatorischen Prozess eher geeignet sind, andere nicht. In der einschlägigen Literatur werden dafür verschiedene orientierende Schemata angeboten. Ein möglicher Vorschlag besteht darin, Moderation für Themenstellungen vorzusehen, wo die Handlungsspielräume groß sind und hinreichend Zeit für die Problemlösung vorhanden ist (Hartmann, Rieger & Auert, 2003). Ein weiterer Vorschlag (Klebert, Schrader & Straub, 2002) nennt als die relevanten Kriterien das Zusammenwirken von Zeit und der zu verarbeitender Information bei der anstehenden Entscheidung (Abb. 16).

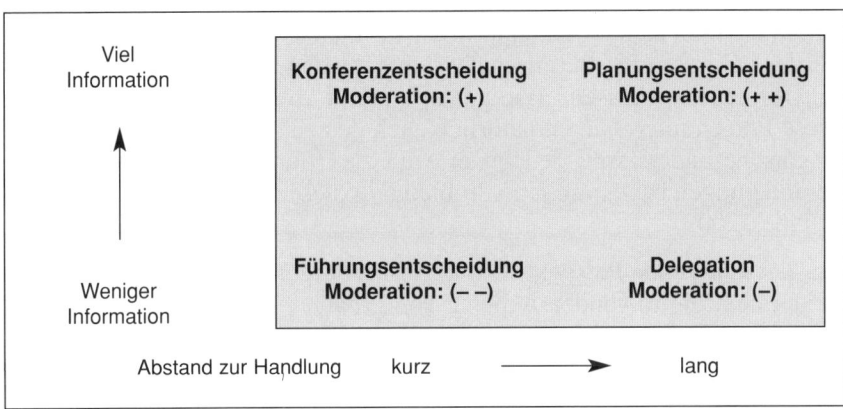

Abbildung 16:
Geeignete Themen für Moderation

Was aus den Vorschlägen in der Literatur und dieser schematischen Darstellung deutlich wird, ist einmal, dass ein für Moderation geeignetes Thema prinzipiell offen sein muss für unterschiedliche Lösungen und Meinungen, zum anderen ist es dadurch gekennzeichnet, dass bei der Lösungssuche ein komplexer Problemhintergrund und ein längerer Zeithorizont einzubeziehen ist. Mit anderen Worten: das Ergebnis ist weitgehend offen (Kontingenz) und es ergibt sich aus dem gemeinsamen Prozess der Gruppe (Emergenz), der vom Moderator beobachtet und angeregt wird. Es muss den Handelnden völlig klar sein, dass sie sich auf einem Weg begeben, der offen und vermutlich etwas riskanter ist, als sie bislang gewohnt waren.

Offenheit und Zeit für den Prozess

3.2 Kulturelle Voraussetzungen für Moderation

Moderatorisches Arbeiten beruht auf Spielregeln und normativen Grundlagen, die die Kulturen von Organisationen nachhaltig verändern. Kulturen sind „in einer Gruppe gelernte und bewährte grundlegende Annahmen über die Lösung von Problemen, die an neue Mitglieder weitergegeben werden, sodass geteilte Muster der Wahrnehmung, des Denkens und des Fühlens entstehen" (Schein, 1992, S. 12). Kulturelle Veränderungen berühren die Identität der Betroffenen und werden daher natürlich skeptisch betrachtet. Daher sollte vor der Entscheidung für eine Moderation sehr sorgfältig besprochen werden, welche kulturellen Besonderheiten die Organisation auszeichnen und wie diese Muster mit den Anforderungen an moderatorisches Arbeiten harmonieren, um die vermeidbaren Überraschungen zu auszuschließen oder sich auf mögliche Probleme einzustellen. Wichtig und klärend wären Fragen wie etwa: Gibt es bereits erste Erfahrungen mit Veränderungen, mit Moderation oder anderen Formen der Partizipation? Wie geht hoch ist die Bereitschaft, für eine moderierte Gruppe adäquate Beteiligungsspielräume einzuräumen? Was passiert, wenn die Moderation Ergebnisse bringt, die man nicht erwartet bzw. die als unbefriedigend wahrgenommen werden? Gibt es eine Bereitschaft, sich auf offene und experimentelle Arbeitsformen einzulassen? Wie gehen wir mit Hierarchie und Macht um? Diese Fragen interessieren natürlich auch den zu beauftragenden Moderator ganz besonders, weil sie Hinweise auf die Offenheit und Bereitschaft für Veränderungen bzw. mögliche Probleme in diesem Zusammenhang geben (Ruppel, 2009).

Kultur und kulturelle Veränderungen

Aus der kulturellen Perspektive sind erfahrungsgemäß für eine erfolgreiche Moderation die folgenden Aspekte von größerer Bedeutung, die moderatorisches Arbeiten generell charakterisieren und auf die sich die Teilnehmer einlassen müssen (siehe Kasten).

Kulturelle Voraussetzungen erfolgreicher Moderation

- Kontrollierter Machtverzicht – Die Entscheidungsträger müssen loslassen können und Entscheidungsspielräume an die Gruppe geben.
- Zeit – Moderierte Arbeitssitzungen sind nicht gradlinig, sie führen oft über Holz- und Umwege zum Ziel und benötigen Zeit.
- Gleichheit – Niemand kann aufgrund seiner formalen Position eine besondere Geltung in der Gruppe beanspruchen.
- Kultur der Wertschätzung – Unterschiedlichkeit, Vielfalt und Offenheit müssen als Werte gelten, die einen Reichtum an Perspektiven ermöglichen.

Das Ziel einer moderierten Arbeitssitzung kann sicherlich nicht darin bestehen, bereits vorgefertigten Entscheidungen gleichsam einen demokratischen Anstrich zu geben. Im Gegenteil, der Verlauf einer Moderation lässt sich nicht voraussagen, Gruppen haben immer ihre eigene Dynamik. Daraus resultiert eine der ganz wesentlichen Voraussetzungen für Moderation, nämlich die Bereitschaft der Entscheidungsträger in der Organisation auf „kontrollierten Machtverzicht". Er resultiert aus der Einsicht, dass die Handelnden an der Spitze einer Organisation die unterschiedlichen Sichten und Interessen nicht per Dekret zu einem Gesamtinteresse integrieren können. Letztlich repräsentieren auch sie nur einen begrenzten Ausschnitt des Ganzen, so wie alle anderen Akteure in der arbeitsteiligen Struktur eigensinnige Logiken verfolgen. Angesichts dieser verwirrenden Diversität und Differenz könnte man eine der ganz wesentlichen Wirkungen von Moderation als die „Koordination und Synchronisierung psychologischer Prozesse" (Haken & Schiepek 2006, S. 593) bezeichnen, die Entwicklung gemeinsamer Einstellungen, Motivationen, Ziele und Werte. Damit erhöhen sich die Qualität von Entscheidungen und die Wirksamkeit von Führung in einer komplexen und von unterschiedlichen Interessen der handelnden Akteure gekennzeichneten Welt.

Kontrollierter Machtverzicht

Die Entfaltung von Kreativität und das Durcharbeiten von Konflikten in Moderationen erfordert zudem mehr Zeit, als etwa in Konferenzen normalerweise zur Verfügung steht. Die Komplexität der Thematik und die unterschiedliche Betroffenheit der Anwesenden müssen sich für sie sichtbar und spürbar entfalten. Zeitdruck beeinträchtigt diesen Lösungsprozess, während etwas mehr Gelassenheit und das Vertrauen auf das Steuerungspotenzial der Gruppe gemeinsame und zuweilen kreative Lösungen ermöglichen. Moderation hat ihre „Eigenzeit", Los-Lösungen und Lösungen entstehen, wenn es an der Zeit ist, nicht, wenn man sie erzwingen will.

In einer moderierten Sequenz sind die Beteiligten gleichberechtigt, dafür stehen Moderator und moderatorische Spielregeln. Nehmen hohe Entscheidungsträger oder „graue Eminenzen" teil, empfiehlt es sich, diese Rollenanforderung, „normales" Gruppenmitglied zu sein, vorher mit ihnen zu besprechen. Eine häufige Erfahrung ist, dass sie oftmals auch selbst unsicher hinsichtlich ihrer Rolle im Prozess sind. Es hat sich zudem als hilfreich erwiesen, wenn Vorgesetzte zu Beginn der Veranstaltung der Gruppe ihre Bereitschaft mitteilen, sich dort gleichberechtigt zu integrieren. Je unerfahrener eine Organisationskultur mit moderierten Arbeitsformen ist, desto „verkrampfter" wird anfänglich der Umgang mit Hierarchie und Macht sein. Beziehungen konstituieren sich immer am Anfang, von daher sollten Moderator und Gruppe die *Anfangssituation* einer Moderation besonders im Auge behalten und mit der Gruppe reflektieren (Geißler, 2005). Dazu gehören die Klärung von Rollen, Erwartungen und die Einigung auf Spielregeln (Schulz von Thun, 2006, S. 27 ff.).

Anfangssituationen

Es liegt nachgerade auf der Hand, dass Moderation wenige Chancen in einer Kultur hat, die auf Angst, Verunsicherung, Abwertung und autoritären Mustern beruht. Nur zögerlich wird man sich trauen, seine Meinung auszudrücken, auch wenn es in einer anonymisierten Form geschieht, was einige Fragetechniken ja ermöglichen. Moderierte Arbeitsformen verlangen ein hohes Maß von *Vertrauen* und eine damit verbundene Kultur der Wertschätzung von Unterschiedlichkeit, die Quelle von kreativen Lösungen und Wandel ist (Übersicht dazu bei: Bachmann & Zaheer, 2006). Auch in eher restriktiven Kulturen ist die Entscheidung in einer Gruppe für eine Moderation bereits ein erster Schritt für die Bereitschaft zur Veränderung und zum Lernen. Die Beschreibung des genauen Anlasses für diesen Impuls gibt dem Moderator eine Reihe von Hinweisen, an die im weiteren Prozess fruchtbar angeknüpft werden kann (Bamberger, 2001, S. 51 f.).

Vertrauens-bildung *(Randnotiz)*

3.3 Ziele der Moderation und der Beteiligungs-spielraum der Gruppe

Es ist unabdingbar, im Vorfeld zu vereinbaren, was von der Gruppe in der Moderation erwartet wird und was nicht. Ist der Rahmen zu eng, nutzt man ihr Potenzial nicht. Ist er zu weit, werden die Ziele nicht erreicht und die Ergebnisse vermutlich nicht umgesetzt. Besteht Unklarheit über den Entscheidungsspielraum, sind unterschiedliche Erwartungen im Raum, die Gruppe redet aneinander vorbei und spätestens am Ende sind die Teilnehmer von der Arbeit enttäuscht und desorientiert.

Der Beteiligungsspielraum der Gruppe kann durch folgende Faktoren limitiert sein:
– Feststehende Entscheidungen,
– Bekannte Restriktionen,
– Organisatorische Richtlinien und Regeln,
– Entscheidungsanspruch des Managements.

Entscheidungs-rahmen für die Gruppe *(Randnotiz)*

Möglicherweise gibt es bereits präjudizierende Entscheidungen im Unternehmen, die Einfluss auf den diskutierbaren Such- und Alternativenraum der Gruppe haben. Restriktionen ergeben sich aus begrenzten Ressourcen oder Handlungsdruck. Organisatorische Richtlinien oder Regeln sind natürlich zu beachten, ebenso wenn sich das verantwortliche Management bestimmte Entscheidungen vorbehält. Wichtig ist dann lediglich, dass derartige Limitationen der Gruppe transparent gemacht werden und begründet erscheinen.

Wenn die limitierenden Kontexte, die relevanten Regelwerke und Rahmenbedingungen für das Vorhaben geklärt und kommuniziert sind, gilt für moderatorisches Arbeiten grundsätzlich die Regel: je offener und konfliktreicher die anstehende Thematik ist, umso weiträumiger kann der Suchradar der Gruppe sein. Daher muss abschließend definiert werden, welche Entscheidungen sich das Management vorbehält und wo der Beteiligungsspielraum der Gruppe liegt.

Dieser Beteiligungsspielraum lässt sich recht einfach anhand der möglichen Ergebnisse beschreiben, die am Ende der Moderation stehen sollen (Abb. 17). Die Grafik verdeutlicht, wie breit prinzipiell das Spektrum der Beteiligung einer moderierten Gruppe sein kann, von einem unverbindlichen Brainstorming über das gemeinsame Durchdenken von Optionen bis hin zur konkreten Entscheidung durch die Gruppe. Um Enttäuschungen zu vermeiden, muss zuvor darüber entschieden werden, was am Ende der Moderation erwartet wird.

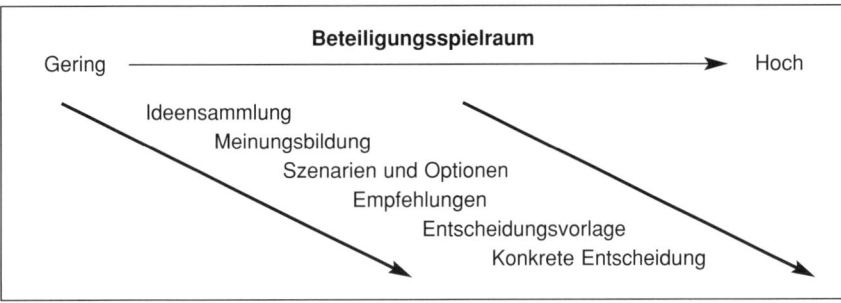

Abbildung 17:
Mögliche Ergebnisse und der Beteiligungsspielraum der moderierten Gruppe

Bei der Vereinbarung der Zielsetzung der Moderation, ist darüber hinaus zu betrachten, ob es sich um eine realistische Zielsetzung handelt und ob sie in dem gegebenen Zeitrahmen erreichbar ist. Nicht selten wird eine Gruppe überfordert und überfrachtet, in der Hoffnung, dass sie auf magische Weise löst, was in den Management-Routinen nicht bewältigt worden ist.

Vor Beginn der Moderation muss der Gruppe natürlich verständlich gemacht werden, worin das Ziel der gemeinsamen Arbeit besteht und welche Bedingungen zu beachten sind. Dabei kann es mit der Gruppe zu Diskussionen über die Sinnfälligkeit der gesetzten Bedingungen kommen, sodass bei Beginn erst noch einmal darüber Verständnis und Einigkeit erzielt werden muss. Es ist schließlich auch möglich, dass die Zielsetzung der Arbeit mit der Gruppe gemeinsam festgelegt wird. Wie gesagt, es muss nur vorher klar sein.

Transparenz zu Beginn

3.4   Die Auswahl des Moderators

Unparteilichkeit, Neutralität und Wertschätzung sind unabdingbare Voraussetzungen dafür, dass ein Moderator eine Gruppe mit der notwendigen Mischung aus Abstand und Nähe zu Problem- und Konfliktlösungen anregen kann. Entsteht in der Gruppe der Eindruck, dass Bewertungen, Beeinflussungen oder persönliche Präferenzen das Vorgehen beeinträchtigen, geht das Vertrauen in seine Vermittlungskompetenz verloren. Moderation ist eine beraterische Dienstleistung, deren Erfolg sich erst im Prozess sichtbar und spürbar offenbart. Daher kann ihre Qualität vorab nur ansatzweise geklärt werden. Folgende Leitlinien geben einige Hinweise für die Auswahl eines Moderators (weitere Anregungen zur Beraterauswahl bei: Däfler & Rexhausen, 1999).

Leitlinien für die Auswahl eines Moderators

- Unparteilichkeit in Bezug auf die Themen – Der Moderator ist verantwortlich für den Einigungsprozess in der Gruppe und die Wahl der geeigneten Methoden (methodische Kompetenz).
- Neutralität gegenüber Konfliktparteien – Der Moderator nimmt nicht Partei, er versucht als „dritte Partei" die Kooperation und die Kommunikationsfähigkeit in der Gruppe zu verbessern (soziale Kompetenz).
- Wertschätzung gegenüber den Teilnehmern – Alle Gruppenmitglieder sind dem Moderator gleich wichtig, niemand wird bevorzugt oder benachteiligt (persönliche Kompetenz).
- Kritische Distanz – Der Moderator muss sich als Beobachter und Berater des gesamten Systems begreifen, sich darauf einlassen und zugleich wieder Abstand gewinnen können (reflexive Kompetenz).

Es gibt darüber hinaus im Rahmen der anfänglichen Kontakte und der Vorbereitungen mit dem Moderator eine Reihe von Hinweisen, die für die Entwicklung einer erfolgreichen Kooperation für beide Seiten hilfreich sein können. Die nachfolgenden Fragen sollen einige Anregungen für die Auswahl des Moderators geben. Sie können aber auch den Auftraggebern zur kritischen Reflexion anregen. Das bezieht sich insbesondere auf den Aspekt **Bequemer oder** der kritischen Distanz und Unbequemlichkeit des Moderators. Auch Füh- **unbequemer** rungskräfte haben Komfortzonen, die sich darin zeigen können, eher einen **Moderator** „anschmiegsamen" Beobachter ihrer Kommunikation einzukaufen. Kontroverse Diskussionen im Entscheider-Team über die Auswahl eines Moderators weisen darauf hin, dass er – bewusst oder unbewusst – einen kritischen Punkt getroffen hat, der es möglicherweise Wert ist, weiter verfolgt zu werden.

Anregungen für Fragen zur Auswahl des Moderators

- Wie sorgfältig werden das Umfeld und der Kontext der Moderation hinterfragt?
- Wie nachdrücklich sind die Bemühungen um eine präzise Klärung der Inhalte, Zielsetzungen und Rollen?

56

- Wie unbequem sind seine explorierenden Fragen zu möglichen Problemen und Konflikten?
- Lösen seine Fragen schon bei der Vorbereitung kleinere erhellende „Aha-Effekte" über latente Muster und Normen aus, die vorher nicht bewusst waren?
- Sind im Vorgespräch Regeln und Werte erkennbar, für die er steht und die er glaubwürdig repräsentiert?
- Wie bestimmt und präzise wird auf einer professionellen Moderationsumgebung bestanden?
- Wie klar werden die Bedingungen für eine mögliche Beendigung der Beziehung geklärt?
- Wird auf mögliche Risiken hingewiesen?
- Entsteht im Gespräch das Gefühl der wechselseitigen „Passung" und eines spontanen Verständnisses?

3.5 Versuchte Lösungen

Schon aus frühen Studien über die Kompetenz des Umgangs mit Komplexität ist bekannt, wie begrenzt diese sind und zu welchen Dysfunktionen Gruppen von Entscheidern neigen und gleichsam eine *Logik des Misslingens* entwickeln (Dörner, 1989 sowie Reither, 1997), deren sie sich selten bewusst sind. Dieses kollektive Ignorieren hat für sie aus systemischer Sicht eine wichtige Funktion, *das Gute im Schlechten* (Watzlawick, 1986), beispielsweise, dass sie sich mit den Konsequenzen eigener Fehleinschätzungen nicht konfrontieren müssen und ihnen die *Kompetenzillusion* verbleibt (Dörner, 1989, S. 269). Parallel lässt sich in etablierten Teams eine Tendenz beobachten, Konflikte zu vermeiden. Auch das hat sein Gutes, ‚man hat zunächst einmal seine Ruhe' (Simon, 2004, S. 158). Da derartige Lösungen sich zumindest kurzfristig bewähren, wiederholen sie sich, wenn komplexe Entscheidungen und Konflikte zu bewältigen sind, früher oder später werden diese Muster aber zum eigentlichen Problem, weil sie die Gruppe daran hindern, hinter den Spiegel ihrer kollektiven Ignoranz zu schauen (Watzlawick, Weakland & Fisch, 1984).

Erfahrungen im System mit Lösungen

Dieser Zusammenhang wird hier noch einmal kurz skizziert, weil ein hinzugezogener Moderator, ist er sich solcher Dynamiken nicht bewusst, sehr schnell in diesen Strudel hineingerät und seine Klienten gleichsam Recht behalten im Blick auf ihre grundlegende Hypothese, dass sie sich eigentlich nicht verändern müssen, obwohl sie es schon so oft versucht haben. Aus der Sicht des Moderators ist also nicht das Lernen das Rätsel, sondern das Nichtlernen: die erfolgreiche Aufrechterhaltung von Ignoranz (Simon, 1997, S. 145). Von daher ist die Darstellung von versuchten Lösungen für die präsentierte Problematik durch die Auftraggeber schon im Vorfeld der Mode-

Kollektive Ignoranz

ration aufschluss- und hilfreich, um nicht von der Systemlogik gefangen genommen zu werden.

Zum Verständnis dieser sich selbst verstärkenden Muster zur Aufrechterhaltung von Team-Illusionen mögen die folgenden Leitfragen Hilfestellung geben (Anregungen aus: Reither, 1997 und Rouse, 1998).

Leitfragen zum Verständnis von Ignoranz und versuchten Lösungen in Teams

– Wie klar und wie einig ist sich die Gruppe über ihre Ziele und damit verbundenen Maßstäben für Erfolg und Misserfolg?
– Kommen bei der Problembeschreibung alle Sichten auf den Tisch oder ist sie eher verengt?
– Gibt es Szenarien über mögliche Zukünfte und variable Optionen der Entwicklung oder ist die Beschreibung der Zukunft eher linear?
– Hält die Gruppe Offenheit und Unbestimmtheit aus oder springt sie allzu schnell in Lösungen und Rezepte?
– Begreift die Gruppe sich als verantwortlich für ihre Probleme oder werden sie eher Außenstehenden zugeschrieben?
– Ist in der Gruppe eine Tendenz zum schnellen (aktionistischen) Handeln dominant oder lässt sie sich Zeit, um einen gemeinsamen Weg zu finden?
– Lässt sich eine Tendenz zum schnellen Konsens konstatieren oder hält das Team auch Kontroversen und Auseinandersetzungen aus?
– Gibt es Tendenzen in der Gruppe, sich zu idealisieren oder heroisieren oder herrscht Bescheidenheit vor?
– Wie lässt sich die Sprache der Gruppe beschreiben, an Lösungen und Ressourcen orientiert oder eher restriktiv und defensiv?

3.6   Zusammensetzung der Gruppe

Prinzipiell gilt in der Moderation der Grundsatz, Betroffene zu Beteiligten zu machen. Allerdings bekommt man bei konsequenter Einhaltung dieses Leitsatzes leicht Probleme mit der Dimensionierung. Bis zu 20 Teilnehmer lassen sich in einem klassischen Workshop verkraften, besonders wenn man mit zwei sich ergänzenden Moderatoren arbeitet. Bei größeren Zuschnitten muss man zu den beschriebenen Verfahren der Moderation von großen Gruppen greifen. Können jedoch aus praktischen Gründen nicht alle Betroffenen an einer zu diskutierenden Entscheidung beteiligt werden, gibt es nur das **Repräsentativität** Prinzip der Repräsentativität, also die Entscheidung für einen Querschnitt aus der betroffenen Population. Dieses Verfahren muss aber transparent sein.

58

Darüber hinaus muss für die Weitergabe der Ergebnisse in geeigneter Weise gesorgt und gegebenenfalls über eine andere Form der Beteiligung nachgedacht werden.

Um darüber hinaus vermeidbare Überraschungen in der Moderation zu vermeiden, empfiehlt sich bei der Vorbereitung zur ersten Orientierung und Klärung eine einfache *Teilnehmer-Analyse* mit Hilfe der folgenden Leitfragen.

Teilnehmer-Analyse

- Welche Aufgaben und Stellungen haben die Teilnehmer in der Organisation?
- Gibt es informelle Meinungsbildner?
- Was sind ihre aktuellen Themen und spezifischen Logiken?
- Wie lässt sich das System der Beziehungen untereinander beschreiben?
- Welche Interessen sind unterschiedlich, welche identisch?
- Wie wird das Thema von ihnen jeweils wahrgenommen?
- Welche Hoffnungen und Befürchtungen haben sie?
- Wo liegen Konfliktfelder zwischen den Teilnehmern?
- Welche Erfahrungen haben sie mit moderierter Gruppenarbeit?
- Welche Einstellung haben sie dazu?
- Wie spielt die Gesamtheit der Einflüsse als System zusammen?

Bei Moderationen in einem politisierten organisatorischen Umfeld ist es darüber hinaus von entscheidender Bedeutung, die Austauschbeziehungen der beteiligten Akteure zu verstehen. Sie zeigen sich früher oder später in unterschiedlichen Formen von Machtspielen, die in der Regel nach gleichartigen Mustern verlaufen. Zur Erhellung dieser Strukturen eignet sich eine weiter gehende *Stakeholder-Analyse* (Schnelle, 2006, S. 46).

Stakeholder-Analyse

- Was macht die Gruppe in der Organisation stark?
- Über welche Ressourcen verfügen sie?
- Über welche Optionen verfügen sie?
- Welche lokalen Rationalitäten repräsentieren sie?
- Worin liegen die Begrenzungen ihrer Sichten?
- Wo liegen die Grenzen ihrer Einflussmöglichkeiten?
- Wo haben sie mit anderen Akteuren vergleichbare Sichten?
- Wo liegen zu anderen Akteuren Differenzen?

3.7 Rahmenbedingungen für eine gelungene Moderation

Zu den technischen Rahmenbedingungen einer gelungenen Moderation gehören im Wesentlichen der Raum und die Ausstattung mit den notwendigen Arbeitsmitteln.

3.7.1 Der Raum

Wenige Dinge werden so häufig unterschätzt, wie die Wirkungen des Raumes auf die Konzentration und Motivation einer intensiv arbeitenden Gruppe (Freimuth, 2000a). Es kommt nicht auf eine High-Tech-Ausstattung an, wie sie manche Seminarhotels bieten, im Gegenteil, diese Arrangements werden dem Werkstattcharakter moderatorischer Gruppenarbeit häufig gar nicht gerecht. Bei der Wahl des geeigneten Raumes sind technische, ergonomische und ästhetische Aspekte zu beachten, die sich wie folgt zusammenfassen lassen:

Aspekte bei der Wahl des geeigneten Raumes

– Größe – Je Teilnehmer rechnet man um die 7 Quadratmeter, um bei Kleingruppen Störungen zu vermeiden.
– Form – Eher quadratisch als rechteckig, um das kreisförmige moderatorische Setting zu ermöglichen.
– Flexibilität – Für die schnelle Bildung veränderter Settings.
– Helligkeit, möglichst Tageslicht – Verbessert die Aufmerksamkeit.
– Geräuschdämmender Bodenbelag – Verbessert die Konzentration.
– Zonen für ungestörte Arbeit und „Seitengespräche" – Ermöglicht spontane Problemlösungen.
– Schnelle Erreichbarkeit von Erfrischungen oder Imbiss – Erhöht die Energie.
– Keine sonstigen Störquellen (Telefon etc.) – Unterstreicht die Wichtigkeit der Thematik.
– Anregende Farbgestaltung und Ausstattung – Regt Kreativität an.

3.7.2 Die Arbeitsmittel

Auf die Sicherung geeigneter Arbeitsmittel achtet jeder erfahrene Moderator, der sich schon einmal blind auf die Zusage von Tagungshotels verlassen hat, sie verfügten über eine gepflegte und komplette Moderationsausstattung und das Gegenteil vorfand. Man ist vor unangenehmen Überraschungen nie sicher. Die Erfahrung ist leider, dass diese Ausstattung professionellen Ansprüchen selten genügt. Zum Standard gehören:

Arbeitsmittel
– Pinnwände (Faustregel – halb so viel, wie Teilnehmer) – Packpapier – Karten in unterschiedlichen Farben und Formen – Funktionierende Filzschreiber, Klebepunkte, Nadeln und Kleber – Flipcharts – Digitalkamera für das Simultanprotokoll

3.8   Planung, Vor- und Nachbereitung

Es empfiehlt sich für den Moderator, für die konkrete Durchführung einer Moderation einen ersten orientierenden Leitfaden zu haben und diesen in der Vorbereitung mit dem Auftraggeber, insbesondere wenn es sich um eine ganz neue Arbeitsbeziehung handelt, durchzusprechen. Grob kann man dabei zwischen Einstieg, Vertiefung und Ergebnissicherung unterscheiden (Hartmann, Rieger & Funk, 2009).

3.8.1 Einstieg

Die Planung des Einstiegs ist für den Erfolg der Veranstaltung bestimmend, weil dort die Arbeitsbeziehung definiert wird. Das gilt besonders für Gruppen, die mit Moderation wenige Erfahrungen haben. Der Moderator ist in der Gestaltungspflicht. Er klärt bzw. verhandelt, woran und wie gearbeitet wird. Klarheit und Offenheit an dieser Stelle schaffen das Erstvertrauen für eine nachhaltige Kooperation. Es empfiehlt sich, all diese Dinge zu visualisieren, damit die Gruppe die Chance hat, die Informationen schrittweise zu verarbeiten und Unklarheiten zu klären:

Herstellung von Arbeitsfähigkeit

– Begrüßung und Vorstellung
– Hintergrund und Ziele des Treffens
– Erläuterung des moderatorischen Vorgehens
– Rollenklärung – Moderator, Gruppe, Hierarchie
– Erwartungen und Stimmungen abfragen
– Vereinbarung von Spielregeln
– Erläuterung des Ablaufs und des Zeitrahmens

3.8.2 Vertiefung

Im Vertiefungsteil findet die „eigentliche" moderatorische Arbeit statt, die im Prinzip entlang der geplanten Dramaturgie der Veranstaltung verläuft, was Schleifen und Seitenwege keinesfalls ausschließt. Sie wird durch den

Moderator strukturiert durch eine Sequenz von Fragen, die die Gruppe bearbeitet um zu ihren passenden Lösungen zu kommen.

Tabelle 3:

Kriterien für gute und schlechte moderatorische Fragen

Gute moderatorische Fragen	Schlechte moderatorische Fragen
– Offene Fragen	– Geschlossene Fragen
– Klare und klärende Fragen	– Verschachtelte Fragen
– Kritische Fragen	– Bohrende Fragen
– Fragen, die neugierig machen	– Persönliche oder zudringliche Fragen
– Fragen, die sich auf konkretes Erleben beziehen	
– Fragen, die Erfahrungen abrufen	– Fragen, die Antworten schon beinhalten
– Fragen, die Diskussionen initiieren	– Oberlehrer-Fragen
– Fragen, die Betroffenheit und Reflexion in der Gruppe auslösen	– Rhetorische Fragen
– Fragen, die Positionen und Muster deutlich machen	– Entlarvende oder ironische Fragen
– Fragen, die Emotionen ansprechen	– Polarisierende Fragen
– Fantasien auslösende Fragen	– Einengende Fragen

Der Formulierung von Fragen für die Moderation muss bei der Vorbereitung besondere Aufmerksamkeit geschenkt werden. Einzelne Begriffe oder Bezeichnungen können verschiedene Bedeutungen haben und Missverständnisse auslösen. Die Fragestellungen selbst müssen eindeutig, prägnant, kurz und leicht verständlich sein, aber dennoch offen und auslotend. Sie müssen die Kreativität der Gruppe anregen, gleichsam den Nerv treffen, zum Mitmachen motivieren, Spontaneität erleichtern, Gefühle und Verhaltensmuster ansprechen und irritieren (Tab. 3).

Wie geht man nun vor? Basierend auf seiner ersten Diagnose und seiner Erfahrung durchdenkt der Moderator die sich eröffnende Problematik, entwickelt Hypothesen und konzipiert schließlich eine Abfolge von Fragen, **Gute Fragen** mit denen das Thema bearbeitet werden könnte. Es empfiehlt sich, gemein-**finden** sam mit einem Kollegen diese Fragen, die man an eine Gruppe richten möchte, vorher durchzuspielen und zu beantworten, um ein Gefühl für ihre Ergiebigkeit zu bekommen. So erhält man einen ersten Eindruck, ob man klar verständlich und hinreichend kritisch ist. Einerseits sollen Fragen heikle Themen ansprechen und auf Muster aufmerksam machen, andererseits dürfen sie nicht überzogen sein und unnötige Widerstände auslösen. Die Formulierungen müssen also sorgfältig bedacht werden, zumal wenn sie schriftlich fixiert sind. Dann wird es erfahrungsgemäß deutlich schwieriger, nachträglich zu relativieren oder gar „zurückzurudern".

Es hat sich in der Praxis bewährt, die Dramaturgie einer moderierten Sequenz gleichsam „von hinten her" zu durchdenken. Was soll am Ende des Vorhabens als Ergebnis stehen, was wird erwartet und was kann erwartet werden? Leitende Fragen sind dann: Was soll am Schluss passiert sein? Was muss im Workshop angesprochen werden? Welche einzelnen Schritte und Zwischenergebnisse werden folglich benötigt, um dieses Resultat zu erreichen? Wie steigen wir demzufolge in die Veranstaltung ein? Wie gehen wir dann in den folgenden Schritten weiter?

Erfindung von moderatorischen Fragen für einen Workshop
– In einem ersten Brainstorming unsortiert alle möglichen Fragen erfinden, die man an die Gruppe stellen könnte, und visualisieren. – An der Pinnwand eine erste grobe Ordnung herstellen: Was sind gute Fragen zum Einstieg, was dient der vertiefenden Diskussion und Reflexion, was geht schon in Richtung Optionen oder Ergebnisse? – Geeignet erscheinende Fragen im Hinblick auf das Antwortpotenzial durchspielen, möglichst im Dialog mit einem Kollegen. – Ausgewählte Fragen vor dem Hintergrund der gewünschten Ergebnisse des Vorhabens diskutieren. – Endgültige Auswahl treffen und die Fragen zu einer stimmigen Gesamtsequenz verknüpfen.

3.8.3 Schlussteil

Im abschließenden Teil geht es um einen gemeinsamen „Blick zurück nach vorne". Er umschließt ein inhaltliches Resümee, die Verständigung auf die Ergebnisse und Aktivitäten, eine gemeinsame Reflexion über die gemeinsame Kommunikation und Kooperation sowie einen Ausblick, wie jetzt weiter mit den Ergebnissen und den offen gebliebenen Fragen verfahren wird. Es sollte auch eine Vereinbarung geben, wie die Ergebnisse kommuniziert werden und was „im Raum" bleibt, wobei das natürlich nicht in Geheimniskrämerei münden darf. Schließlich ist zu klären, ob und wie sich die Gruppe noch einmal trifft, etwa zur Präsentation der umgesetzten Resultate oder zur Bearbeitung offener Fragen oder Folgethemen. Moderation ist umso nachhaltiger, je mehr es gelingt, sie in einen Prozess des Wandels zu integrieren.

Klärungen am Ende eines Workshops

Abschluss und Resümee
– Festlegung der Maßnahmen und Aktionen – Beschreibung der offen gebliebenen Punkte – Abgleich der Ergebnisse mit den Zielen – Abgleich der anfänglichen Stimmungen und Erwartungen mit den Ergebnissen – Rückmeldung über die Moderation und die Kooperation in der Gruppe – Ausblick und Vereinbarung über weiteres Vorgehen – Beendigung und Verabschiedung

3.8.4 Nachbereitung

Zur Nachbereitung gehört die Protokollierung der erarbeiteten Ergebnisse. Dazu hat sich eingebürgert, die erarbeiteten Plakate einfach zu fotografieren und den Teilnehmer zur Verfügung zu stellen. Damit wird sichergestellt, dass sich jeder wiederfindet und nichts verfälscht wird. Bei vorliegendem Protokoll und mit etwas Abstand zur Veranstaltung, gehört es zu einer abgerundeten Moderation, dass sich Moderator und Auftraggeber zu einer Auswertungs- und Reflexionssitzung treffen. Wenn das Ziel erreicht ist, wird die Beziehung dort beendet, bei offenen Fragen kann eine Vereinbarung über Folgeschritte getroffen werden.

3.9   Contracting

Die Beziehung zwischen Auftraggeber und Moderator ist faktisch nie ohne Kontrakt. Es existieren stets implizite Erwartungen, diffuse Annahmen und unklare Ziele (Doppler & Trebesch, 1984 und Weisbord, 2000). Contracting hat zum Ziel, eine geklärte Arbeitsbeziehung herzustellen und Enttäuschungen zu vermeiden, weil Themen vorher nicht angesprochen oder **Klärung der Erwartungen** Erwartungen nicht auf den Tisch gebracht wurden. Es geht darum, unbewusste und unklare Motive bewusst zu machen, zu klären und darüber zu verhandeln. Das zwingt alle Beteiligten dazu, sich Rechenschaft abzulegen, was sie jeweils wollen und wie es in das gesamte Bild hineinpasst. Zu einem klärenden Contracting gehören Vereinbarungen und Klärungen über die im Kasten zusammengefassten Fragen.

Zusammenfassung: Fragen eines klärenden Contracting

- Was sind die Spielregeln der Zusammenarbeit?
- Welche Rolle und Kompetenz hat der Moderator?
- Wie erfolgt das Zusammenspiel mit dem Auftraggeber?
- Welche diagnostischen Schritte sind vor der Moderation notwendig?
- Von welcher Problemdefinition geht man aus?
- Wo liegen mögliche Risiken?
- Was ist gesetzt und gehört zu den Rahmenbedingungen?
- Was ist das Ziel, woran erkennt man, dass es erreicht ist?
- Welches Verhalten möchte man nach einem erfolgreichen Workshop beobachten?
- Gab es schon vorher Versuche, das Problem zu lösen? Wenn ja, was war erfolgreich, was nicht? Welche Annahmen gibt es über den Erfolg bzw. Misserfolg?
- Wie lässt sich das Beziehungsnetz der beteiligten Akteure beschreiben?

- Wer hat welches Problem mit dem vermeintlichen Problem?
- Was passiert, wenn alles so bleibt, wie es ist?
- Welchen Beteiligungsspielraum soll die Gruppe haben?
- Welcher Zeit- und Finanzaufwand kann betrieben werden?
- Unter welchen Bedingungen wird die Arbeitsbeziehung beendet?

4 Vorgehen

Moderierte Prozesse haben eine zeitliche und eine räumliche Dimension, in der sie sich entfalten. Der zeitliche Aspekt bezieht sich darauf, in welchen unterschiedlichen Arbeitsschritten und Reflexionsschleifen die Gruppe durch ihr Problem- und Konfliktszenario geht. Innerhalb der Sequenz werden dabei vom Moderator spezifische Techniken der Visualisierung, Frage- und Reflexionsformen sowie Vorgehensweisen zur Sicherung der erreichten Resultate eingesetzt. Der räumliche Aspekt zieht Variationen der Gruppengröße, ihrer Zusammensetzung sowie Differenzierungen der Arbeitsarrangements (Settings) in Betracht, in denen die Teilschritte innerhalb der moderierten Sequenz durchgeführt werden (Abb. 18).

Raumzeitliche Aspekte der Moderation

Der differenzierte Einsatz und die Variation von Frage- und Reflexionsformen, von Settings und Gruppengrößen dienen gleichsam der „Dehnung" des Entscheidungsprozesses. Die Portionierung eines komplexen Problems in Arbeitsschritte und Arrangements ermöglicht ein behutsames Entfalten von Komplexität, differierende Sichtweisen, den kritischen Blick auf unterschiedliche Interessen, die Herauskristallisierung von Optionen, die gemeinsame Einigung auf Lösungen sowie der Selbstreflexion des Systems. Dieses Vorgehen verhindert die Verkürzung von Perspektiven und das voreilige Streben nach Ergebnissen. Die tastenden Gehversuche der Gruppe im Raum und Zeit relativieren Standpunkte und eröffnen neue Blicke und Visionen, ermöglichen Distanz und Annäherung, das „Umkreisen" einer Frage oder eines Konfliktes sowie reflektierendes Innehalten und nicht zuletzt auch kontemplative Momente. Diese suchenden Bewegungen der Gruppe sind der sinnliche Ausdruck der Einigung, der sich sichtbar und spürbar bei den Teilnehmern abspielt. Das ist ein substanzieller Kern des moderierten Prozesses. Es handelt sich keineswegs nur um Äußerlichkeiten, sie sind sowohl die Bedingung als das auch Ergebnis von Emergenz, sich verändernder Wahrnehmung und beginnender Verständigung.

Entfaltung von Problem und Konflikten

Moderationstechniken und Arbeitsformen werden bei der Planung von moderierten Prozessen zusammengefügt und ergeben den dramaturgischen Ablauf etwa eines Workshops. Dieser bildet den Leitfaden für den Problem- und Konfliktlösungsprozess der Gruppe. Er ist zu verstehen als eine erste Orientierung für die Annäherung der Gruppe an ihre Thematik und schließt

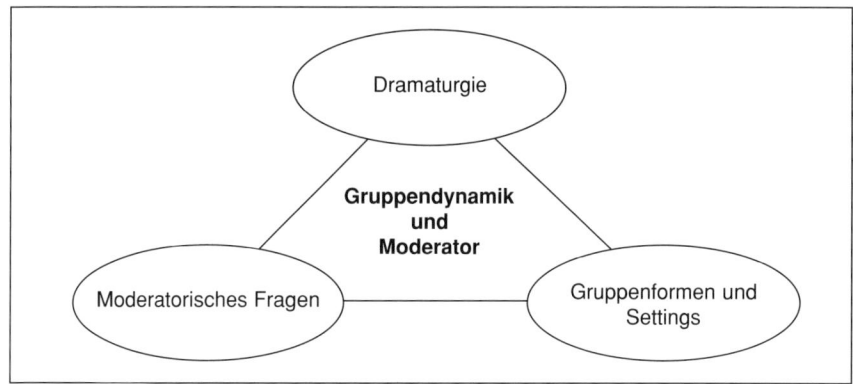

Abbildung 18:
Moderatorische Arbeitsformen, Gruppendynamik und Moderator

keineswegs aus, dass er vom verantwortlichen Moderator im Verlaufe des Prozesses und im Austausch mit der Gruppe verändert wird. Das ist ein essenzieller Bestandteil des Lernprozesses. Das Spiel zwischen Entwurf und Selbstorganisation ist möglich, indem der Moderator zugleich in Kontakt mit der Gruppe ist und Abstand hält, den Prozess beobachtet und spiegelt.

4.1 Grundelemente und -techniken der Moderationsmethode

Die Moderationsmethode im engeren Sinne besteht aus einer Reihe von Techniken des Fragens und der Visualisierung zur Strukturierung von Gruppengesprächen und zur Sicherung der Ergebnisse.

4.1.1 Visualisierung

Seit den frühen Forschungen der Gestaltpsychologie zu Beginn des letzten Jahrhunderts weiß man, das visuelle Kommunikation in vielerlei Hinsicht der Sprache voraus ist und einen ganz erheblichen Einfluss auf die aktive Konstruktion von Wirklichkeiten hat. Im Gegensatz zur Sprache kann hier also von einer deutlicheren Empfängersteuerung ausgegangen werden (Schuster & Woschek, 1989, S. 8). Visualisierung vereinfacht komplexe Zusammenhänge, beschleunigt die Wahrnehmung und entlastet kognitive Verarbeitungsprozesse (Meyer, 1999, S. 90). In einigen Ansätzen der Organisationspsychologie spricht man von *kognitiven Landkarten*, mit deren Hilfe Organisationsmitglieder sich orientieren und die ihr Verhalten dort

Kognitive Landkarten und Visualisierung

66

prägen. Eine gelebte *Kultur der Sichtbarkeit* als Leitbild ermögliche es demzufolge, organisatorischen Wandel und kollektives Lernen anzustoßen und zu unterstützen (Möslein, 2000, S. 81).

Abbildung 19:
Moderator bei der Visualisierung von Gruppenerergebnissen

Diese Wirkung ist für die Moderation von ganz erheblicher Bedeutung, Visualisierung wird dort als eine Form der Selbstbeschreibung bzw. Selbstspiegelung der Gruppe gesehen, in der sie sich gleichsam selber in ihrem Wachstum, aber auch in ihren spezifischen Irrungen und Wirrungen beobachten und korrigieren kann. Sie ist damit ein wichtiges Prinzip der Selbstkonstruktion sowie der Wirklichkeitskonstruktion der Gruppe. Was sich durch Visualisierung verändert sind ihre Bilder. Um sie verändern zu können bedarf es eines Mediums der Repräsentation, das gleichfalls analog ist und so einen einfacheren Zugang zu den geschlossenen Wahrnehmungswelten der moderierten Gruppe ermöglicht, genauer sie ermöglichen sich ihn ja selber durch ihre aktive Teilnahme am Prozess (Boos, 1998b).

Analoge Repräsentation

Die Ursprünge der Visualisierung hängen mit der Entstehung der Moderation eng zusammen. In den Jahren ihrer ersten Gehversuche entstand der Bedarf, die erarbeiteten Fortschritte und Hemmnisse von dynamischen Gruppendiskussionen zu strukturieren und zu repräsentieren. Es sollte darüber hinaus sichergestellt werden, dass jeder sich gleichberechtigt an der Diskussion beteiligen und seine Spuren hinterlassen konnte. So entstanden die ersten, noch zaghaften Versuche, Ideen auf Karten zu schreiben und an Tafeln zu hängen, sodass der Perspektivenreichtum und die Ressourcen der Gruppe für alle sichtbar wurde und jeder sich in den Ergebnissen wiederfinden konnte (Friedmann, 1996).

Visualisierung und Selbstbeschreibung der Gruppe

Visualisierung ist Ausdruck und Medium von Interaktion, Ausdruck, weil sie die Ergebnisse sichtbar macht, Medium, weil sie sie möglich macht. Die verschiedenen moderatorischen Fragetechniken und ihr Zusammenfügen zu Workshop-Dramaturgien dienen dazu, das Wissen, die Wahrnehmungen und Interessen innerhalb einer Arbeitsgruppe an die Oberfläche zu bringen und bearbeitbar zu machen. Verhärtete Standpunkte können so zu möglichen Perspektiven werden, jeder Einzelne kann sich als Teil eines Ganzen begreifen, gemeinsame Lösungen und Entscheidungen werden möglich. Visualisierung wird nicht als Lesehilfe oder Präsentationstechnik gesehen, sondern als Form der Kontextbildung, der Veranschaulichung komplexer Zusammenhänge und der Selbstspiegelung der Gruppe als System. Das Ziel besteht darin, Zusammenhänge zu verstehen, eigene Verantwortung für Probleme wie für Lösungen zu erkennen und sich daran zu beteiligen.

Die Bedeutung der Visualisierung lässt sich wie folgt zusammenfassen:

Bedeutung der Visualisierung
– Explikation – Implizite, unklare und unbewusste Sichten und Gedanken kommen zu Bewusstsein und an die Oberfläche.
– Simultanität – Optisch unterstützte und strukturierte Gesprächstechniken ermöglichen es, dass sich alle Anwesenden gleichzeitig äußern können; damit wird Dominanz von Einzelnen beschränkt und Kreativität freigesetzt.
– Kollektivierung – Die parallele Bearbeitung der Themen und die Sichtbarkeit des Prozesses ermöglicht es, dass die Gruppe sich als Gruppe mit einem gemeinsamen Thema begreift.
– Partizipation – Der Einsatz von Techniken der Visualisierung gestattet es, dass sich alle Gruppenmitglieder gleichberechtigt beteiligen, niemand bevorzugt ist und es keine hervorgehobene Position gibt; damit entsteht Akzeptanz für die erarbeiteten Lösungen.

Die moderierte Gruppe ist gerade anfänglich mit der bedrängenden Offenheit und Widersprüchlichkeit ihrer Situation konfrontiert, die durch Visualisierung gespiegelt wird. Die Tafeln sind leer, es hängen dort nur offene Fragen und niemand gibt schnelle Antworten. Die Gruppe muss sich gleichsam erklären. Visualisierungs- und Moderationstechnik liefert die Formen, um aus der erlebten Unübersichtlichkeit hinderliche Muster zu rekonstruieren und kreativ neue Gestalten zu generieren, die wieder Orientierung geben. Dekomposition und Komposition gehen somit Hand in Hand. Dieser gesamte Vorgang ist durchaus mit einem künstlerischen Akt zu vergleichen, in dem gleichfalls der Versuch unternommen wird, etwas zunächst Unfassbares oder Unauflösbares in eine adäquate Form zu bringen. Sie drückt aus, was anfänglich unaussprechlich war. Man könnte das als einen kollektiven Prozess der Aneignung von Realität und der Selbstvergewisserung bezeichnen, der sich in moderierten Gruppenprozessen immer wieder beobachten lässt.

Selbst- und Wirklichkeits- konstruktion

• *Elemente der Visualisierung*

Visualisierung als Form der Dialogunterstützung verwendet einfache Elemente und beruht auf einer einfachen Grammatik (Frank, 2009). Diese Einfachheit visueller Kommunikation ist ihre elementare Funktionsbedingung und Voraussetzung ihrer leichten Erlernbarkeit. Die Grammatik optischer Rhetorik ist das Ergebnis von Standardisierungen und Formalisierungen, deren Wirkung sich im Verlaufe der Entwicklung der Moderation herausgestellt hat. Das Ziel besteht darin, Kommunikation in Gruppen zu erleichtern (Schnelle-Cölln & Schnelle, 1998).

Zu den Elementen der optischen Sprache gehören flexible Pinnwände und das braune *Packpapier* als Träger. Wenn eine Gruppe in einem Workshop vor einer „Bühne" leerer Pinnwände und offener Fragen sitzt, markiert das die Offenheit der Situation als ihren kollektiven Ausgangspunkt sowie ihre nicht delegierbare Verantwortung für eine Lösung. Packpapier symbolisiert auch den Werkstattcharakter moderierter Gruppenarbeit, den Aspekt der gemeinsamen Entwicklung und des Experiments. Darin ist die implizite Aufforderung enthalten, es mit Ideen und Vorschlägen zu füllen. Gemeint sind auch Vorläufigkeit und kein überzogener Anspruch an Perfektion. Es handelt sich um probierendes Denken und Verhalten, Versuch und Irrtum, Stolpern und Stottern. Und wie in jeder Werkstatt fallen Späne, wenn gehobelt wird.

Denkwerkstatt

Darüber hinaus gehören *Karten* in verschiedenen *Farben und Formen* zu den Elementen der optischen Sprache. Gerade bei den Farben wird das Prinzip „Weniger ist mehr" sehr deutlich. Von den Erfindern der Moderation wurde vorgeschlagen, sich auf vier Grundfarben zu beschränken. Sie sind keineswegs zufällig gewählt, sondern nach gleichfalls pragmatischen Gesichtspunkten zur Erleichterung der Verständigung, keinesfalls im Sinne einer esoterischen Farbenlehre, wie zuweilen von fehlgeleiteten Nachahmern zu lesen ist. Die Farben sind untereinander gut kombinierbar, wirken unauffällig, stehen nicht „schreiend" im Vordergrund und sind auch aus der Distanz gut erkennbar. Andererseits erlaubt die Unterschiedlichkeit der Farben auch, Differenzierungen im gedanklichen Prozess der Gruppe zu

Farben und Formen

veranschaulichen. Mehr steckt nicht dahinter, aber auch nicht weniger. Diese Klarheit und Einfachheit ermöglicht unauffällige Nachhaltigkeit.

Die Kartenformen sind ebenfalls auf ein notwendiges Minimum reduziert, das sich zur Erleichterung der Kommunikation als hilfreich erwiesen hat. Die ovalen Karten eignen sich für die Sammlung von Ideen in der Gruppe. Die kleineren Rechtecke bieten sich für Strukturierungen an, Gliederungen oder Abläufe. Die großen Rechtecke werden primär im Rahmen der Ergebnissicherung eingesetzt. Sie erlauben die sorgfältige Formulierung ausführlicher Sätze, damit keine Unklarheit über die vereinbarten Aktivitäten entsteht. Die verschiedenen Formen von Kreisen eignen sich für Überschriften, Gliederungen und Systematisierungen bei der Visualisierung komplexer Tatbestände und Gruppenprozesse. Auch die *Schrift* ist nicht zufällig, wobei es nicht auf Schönschrift ankommt, sondern auf Lesbarkeit.

Ein erfahrener Moderator weiß die Moderationstechnik unauffällig einzusetzen und zu schätzen, zumal wenn man nachlässige Visualisierung und dadurch ausgelöste unnötige Missverständnisse in Gruppen selber erlebt hat. Die Standardisierung der Bausteine soll die Methode in den Hintergrund rücken. Sie kommt nur dann unzulässig in den Vordergrund, wenn sie vom Moderator unprofessionell gehandhabt wird oder Widerstände in der Gruppe sich stellvertretend auf Methodendiskussionen verschieben.

• *Collage-Technik*

Zuweilen erlebt man, dass in Gruppenarbeiten Packpapier direkt bemalt wird. Der Nachteil ist, dass es nicht rückgängig gemacht werden kann. Benutzt man hingegen die Karten, können sie zunächst an die Tafel geheftet, beliebig verschoben, neu zusammengefügt und ergänzt werden. Diese Collage-Technik ermöglicht somit kreative Prozesse, Experimentierbereitschaft und gemeinsames Arbeiten in der Gruppe. Wenn ein Mitglied in der Gruppe etwas vorprescht, lässt sich das so leicht aufgreifen und nutzen. Und auch umgekehrt, hat sich jemand im Prozess eine Auszeit für eine kreative Abschweifung genommen, ermöglicht die entstandene Gedankenlandschaft wieder einen problemlosen Einstieg. Die Vorläufigkeit der Ordnung einer Collage ermöglicht, dass etwas Neues entstehen und sich Gemeinsames herausbilden kann. Die Metabotschaft eines sich optisch entwickelnden Szenarios ist seine Unfertigkeit und enthält die Aufforderung, sich an der Fertigung zu beteiligen.

• *Gebundene Darstellungen*

Die gebundenen Formen der Darstellung eignen sich für die logische Strukturierung. Sie symbolisieren Ordnungen und Zusammenhänge. Man kann sich hier auf einige wichtige und größtenteils geläufige Grundvarianten konzentrieren, wie Listen, Tabellen, Baum- und Netzdarstellungen.

- *Offene Darstellungen und Kompositionsregeln*

Offene Darstellungen eignen sich für freiere Formen der Visualisierung, um qualitative Sachverhalte zu verdeutlichen. Hier kommen einfache Kompositionsregeln zur Geltung, die als eine Art Grammatik der optischen Rhetorik begriffen werden können. Sie verleihen den dargebotenen Inhalten eine Form, die der Betrachter analog verarbeitet, als Gesamtheit oder Gestalt, nicht in der strukturierten Form gebundener Darstellungen (z. B. Tabellen). Insgesamt lassen sich unterschiedliche Kompositionsregeln unterscheiden: Reihungen, Rhythmen oder Hervorhebungen (Schnelle-Cölln & Schnelle, 1998).

- *Mind-Mapping*

Das inzwischen in vielen Organisationen sehr verbreitete Mind-Mapping hat mit der Visualisierung und der interaktiven Workshop-Arbeit eine Art von Seelenverwandtschaft. Ihr Erfinder (Buzan, 1996), beruft sich zur Begründung der Wirksamkeit dieser Methode auf die vernetzte Organisation unseres Gehirns und lernpsychologische Erkenntnisse. Vergleichbar einer Landkarte, mit deren Hilfe wir uns orientieren, entstand die Idee *kognitiver Landkarten*, die Übersicht und Mustererkennung ermöglichen. Tatsächlich nutzen wir diese Ressourcen nur sehr selten, weil wir dazu neigen, eher monokausal und linear vorzugehen. Mind-Maps sind hingegen optische Darstellungen, die an unsere Fähigkeit zur Assoziation und Vernetzung anknüpfen. Sie lassen sich auch in der Moderation nutzbringend einsetzen:
- im Rahmen von Brainstorming, der Ordnung von Ideen und Gedanken,
- im Rahmen von Präsentationen, um den Zuhörern Zusammenhänge übersichtlich zu veranschaulichen,
- im Rahmen von Workshops, zur Ideen- und Problemsammlung in Gruppen, zur Strukturierung von Szenarien oder Simultanvisualisierung etc.

4.1.2 Moderatorische Fragetechniken

Die Kunst des Moderators besteht in der minimalistischen Gesprächsführung durch neue Perspektiven und Reflexion auslösende Fragen. Es gibt für diese Zwecke eine Reihe von klassischen Fragetechniken in der Moderation, die innerhalb einer Workshop-Dramaturgie Unterschiedliches leisten und in vielen Varianten einsetzbar sind: die Einpunktfrage, die Kartenfrage, die Mehrpunktfrage und die Zuruffrage.

- *Die Einpunktfrage*

Mit Hilfe der Einpunktfrage können sehr gut Meinungen transparent gemacht oder Trends herausgearbeitet werden. Dazu bietet der Moderator der Gruppe ein strukturiertes Antwortschema an, innerhalb dessen jeder Teilnehmer seine Antwort durch Aufbringen eines oder auch mehrerer Klebepunkte deutlich machen kann. Als Schemata können gleitende oder strukturierte Skalen, eine Matrix oder Dreiecke eingesetzt werden. Die Einpunktfrage macht schnell das vorliegende Problem- und Konfliktspektrum in der Gruppe sichtbar. Sie löst Betroffenheit und Handlungsdruck aus. Die Gruppe erhält ein Bild von sich selbst, mit dem sie sich auseinandersetzen muss. Das Antwortspektrum in der Punkteverteilung ist Ausdruck ihres kollektiven Selbst. Es spiegelt Strömungen, Meinungen und Interessen, Differenz und Gemeinsamkeit, also die gesamte Vielfältigkeit der Perspektiven und Interessen, das mit wenig Aufwand innerhalb kurzer Zeit sichtbar gemacht werden kann.

Initialzündung durch Einpunktfragen Das Punktebild wirkt häufig in der Gruppe wie eine Initialzündung. Es entsteht das Bedürfnis, das Ergebnis zu hinterfragen und Details zu wissen, gerade wenn das Spektrum der Punkteverteilung sehr breit ist. Diese Dynamik muss genutzt werden, um den Prozess der Diskussion, Meinungsbildung oder Interpretation in Gang zu bringen. Jedes Punktebild ist interpretationsbedürftig, allerdings durch die Gruppe, nicht durch den Moderator. Er fragt daher nach der Bepunktung, was dieses Ergebnis auslöst und wie die Gruppe es erlebt. Das quantitative Ergebnis bekommt Substanz durch konkrete Aussagen, die vom Moderator simultan mitvisualisiert werden (siehe Fallbeispiel 1, Kapitel 5).

• Die Kartenfrage

Die Kartenfrage ist vermutlich die bekannteste der moderatorischen Fragetechniken, ebenso häufig wird sie falsch angewendet. Sie hat ihren Namen

Beispiele für Kartenfragen
– Zum Thema X habe ich folgende Anmerkungen, Fragen, Ideen, Themen einzubringen … (Standardfrage)   – Wie stellt sich der Informationsfluss zwischen den betroffenen Abteilungen Ihrer Meinung nach im Moment dar? (Beschreibung einer Ist-Situation)   – Was gehört für Sie zu einem attraktiven Anreizkonzept für die Entwicklung Ihres Führungsnachwuchses? (Beschreibung einer Soll-Situation)   – Was hat sich in der Vergangenheit in unserer Kooperation als unbefriedigend gezeigt? (Problembeschreibung)   – Was sind für Sie die Gründe für die Unzufriedenheit unserer Kunden mit unseren Prozessen? (Ursachenanalyse)   – Interaktive Lehrmethoden haben viele Vorteile, … ich sehe aber auch einige Probleme, nämlich … (Pro & Kontra)

daher, weil die Teilnehmer Antworten auf die formulierte Frage zunächst für sich auf Karten schreiben, die anschließend gesammelt und für alle Mitglieder sichtbar an den Moderationstafeln geordnet werden. Diese Technik eignet sich dort, wo es um komplexe Fragen geht und das Wissen der Gruppe im großen Umfang gefordert ist. Man erhält eine breite Sammlung von Gedanken, Ideen, Wünschen, Problemen und Bemerkungen. Insofern reicht das mögliche Spektrum von Anwendungen sehr weit, von der reinen Beschreibung der Ist-Situation, über eine Sammlung von Problemen und der Auflistung von Widerständen bis hin zur Formulierung von Soll-Vorstellungen. Sie kann auch innerhalb einer Problemanalyse zur Ursachenergründung dienen oder zur Formulierung von innovativen Ideen.

Sammlung von Sichten zu komplexen Fragen

Da jeder Teilnehmer zunächst in Einzelarbeit eine begrenzte Anzahl Karten schreibt, ist er während dieses Brainstorming-Prozesses von anderen weitgehend unbeeinflusst. Dieser Aspekt ist für die kreative Problemlösung und Diskussion von Bedeutung, weil in Ruhe Formulierungen gesucht werden und damit die Differenziertheit der Aussagen steigt. Oft lässt sich der Effekt beobachten, dass die Notwendigkeit der sorgfältigen Formulierung moderat und disziplinierend wirkt. Der Urheber bleibt weitgehend anonym, weil die Schriften auf den Karten kaum identifiziert werden können. Insofern finden auch kritische Meinungen oder ungewöhnliche Vorschläge ihren Raum.

Abwägen von Formulierungen

• *Die Mehrpunktfrage*

In bestimmten Phasen einer Moderation muss die Gruppe Entscheidungen treffen, wo sie weiterarbeiten will oder welche Aktivitäten vordringlich in Angriff genommen werden sollen. Es werden daher nachvollziehbare Techniken benötigt, die Prioritäten sichtbar machen. Ihr Einsatzbereich in der Moderation ist dort, wo Komplexität reduziert werden soll, um wenige Optionen herauszukristallisieren, sich auf erste Themen oder vielversprechende Maßnahmen zu fokussieren.

Die Mehrpunktfrage hilft der Gruppe, solche Prioritäten gemeinsam und für alle nachvollziehbar zu setzen. Jedes Mitglied erhält mehrere Klebepunkte, um auf den vorbereiteten Pinnwänden seine Prioritäten auszudrücken. Die Summe aller Einzelwertungen ergibt dann das Gruppenbild. Die Mehrpunktfrage ist ein klassisches Beispiel dafür, wie mit Hilfe der Moderation Gruppenentscheidungen in transparenter Weise gefällt werden. Alle Mitglieder der Gruppe bekommen die gleiche Anzahl der Punkte, niemand hat irgendeine besondere Priorität. Wichtig ist, dass die Gruppe bewusst entscheidet und die Häufung der Punkte signifikant anzeigt, wo ihr Hauptinteresse liegt. So bleibt der rote Faden der Dramaturgie des Workshops erhalten, partikulare Interessen, „Lieblingsthemen" oder „Nebenkriegsschauplätze" treten in den Hintergrund. Die getroffene Auswahl ist für einige Gruppenmitglieder manchmal nicht einfach, weil sie andere Themen lieber im Vorder-

Gemeinsame Priorisierung

grund sähen. Die Legitimation der Priorisierung erfolgt aber durch das Verfahren, weil jeder die gleiche Chance hatte, „seinen Punkt zu machen".

Die Mehrpunktfrage ist kein mechanistisches Entscheidungsverfahren. Man muss sich nicht sklavisch an das Ergebnis der Punkteverteilung halten. Die hoch gewichteten Aspekte machen Tendenzen sichtbar und verdeutlichen Richtungen. Der Moderator fragt daher immer nach einer gemeinsamen Auswahl, ob sich die Gruppe in der entstandenen Priorisierung wieder findet. Diese sogenannte *Akzeptanzfrage* regt an, nachzudenken und ggf. noch einmal auszuhandeln, ob die wirklich dringenden Punkte gefunden oder manche unterbewertet wurden. Zuweilen wird in einer Gruppe aus Euphorie heraus ein Thema etwas hochgespielt, manchmal zeigt sich, dass ein hoch gewichtetes Thema nur vordergründig ist oder die Gruppe erkennt, dass die Bearbeitung nicht in ihrer Kompetenz liegt. Wird eine Kartenfrage gewichtet, kann es sein, dass Einzelkarten oder kleine Cluster mit wenigen Karten bei der Festlegung der Prioritäten etwas aus dem Blick geraten, obwohl sie vielleicht interessante Ideen enthalten. Auch hier lohnt sich noch einmal der gemeinsame Blick, ob die Gruppe sich nicht von der ersten Evidenz großer Cluster hat lenken lassen. All diese Reflexionen können zu leichten Verschiebungen der Prioritäten führen.

Beispiele für Mehrpunktfragen
– Welche der Vorschläge sind am frühesten zu verwirklichen?   – Mit welchen Vorschlägen haben wir zuerst sichtbare Erfolge?   – Wo kann ich in meinem Bereich am ehesten etwas beeinflussen?   – Welche Vorschläge haben bei den Kunden vermutlich die größte Akzeptanz?   – Bei welchen dieser Ideen ist mit den größten Hindernissen in der Organisation zu rechnen?

Die konkrete Formulierung der Mehrpunktfrage ist heikel, weil sie durch die Selektion den gesamten Prozess in eine Richtung lenkt. Diese Weichenstellung muss für die Gruppe klar verständlich sein und vom Moderator begründet werden. Sie hängt natürlich mit dem Ziel des Workshops zusammen und muss darauf hin erfolgen, was am Ende als Ergebnis stehen soll. Diesen Zusammenhang muss der Moderator bei der Begründung dieses Arbeitsschrittes im Blick haben und den Teilnehmern erläutern. Die konkrete Priorisierung wird durch das Gewichtungskriterium, das in der Frage enthalten ist, bestimmt. Die Gewichtung kann sich etwa nach Dringlichkeit, Häufigkeit, Bedeutung, Notwendigkeit oder Realisierbarkeit ausrichten.

Ein methodischer Fehler, der bei der Formulierung von Mehrpunktfragen häufiger vorkommt, ist die Vermischung von unterschiedlichen Gewich-

Akzeptanzfrage *(Randnotiz)*

Gewichtungskriterien *(Randnotiz)*

tungskriterien innerhalb der Fragestellung. Beispielsweise enthält die Frage „Mit welchen Maßnahmen erreichen wir schnell Umsätze und eine hohe Kundenbindung?" offenkundig zwei Kriterien. Wenn die Gruppe diese Konfusion nicht bemerkt und korrigiert, wird von den Mitgliedern eines der beiden Kriterien zur Selektion gewählt. Das Ergebnis ist natürlich so nicht schlüssig. Sind zwei Aspekte bei der Auswahl des folgenden Arbeitsschrittes relevant, können sie in zwei aufeinander folgenden Mehrpunktfragen formuliert werden. Das kann interessante Ergebnisse bringen, weil die Gewichtungen unterschiedlich ausfallen und somit Diskrepanzen im Team sichtbar machen.

Technisch gesehen stellt die Mehrpunktfrage einige Anforderungen an den Moderator. Die Anzahl der Klebepunkte je Teilnehmer ist abhängig von der Zahl der zu gewichtenden Alternativen und der Gruppengröße. Deshalb kann die Anzahl der Punkte erst ausgerechnet werden, wenn es in der Moderation zu diesem Schritt kommt. Als Faustregel gilt, das bei Gleichheit von Alternativen und Teilnehmern immer fünf Punkte vergeben werden. Zur Mehrpunktfrage gehört schließlich die *Restriktionsregel*. Sie besagt, dass jeder Teilnehmer je Punktfeld nur maximal zwei Punkte vergeben darf. Damit wird die Majorisierung von Themen durch Einzelne verhindert.

• *Die Zuruffrage*

Diese Frage wird, wie der Name schon sagt, per Zuruf durch die Teilnehmer beantwortet. Es wird verbal gearbeitet, die Anonymität ist aufgehoben. Deshalb halten sich manche Teilnehmer zurück. Vieles wird aber auch durch Beiträge von anderen Gruppenmitgliedern gesagt, sodass sich eigene Meldungen erübrigen. Die Antworten werden schnell gegeben und vom Moderator direkt, ungefiltert und ohne Umformulierungen visualisiert, sodass relativ zügig ein Gruppenbild entsteht. Diese Fragetechnik erzeugt assoziative Effekte, die an ein *Brainstorming* erinnern. Nach einigen intensiven Minuten des Zurufens von Antworten erschöpft sich der Effekt. Die Zuruffrage bietet sich an, wenn in der Moderation schnell Ideen gesammelt, Vorkenntnisse erhoben, Erwartungen geklärt, die Teilnehmer Stellung beziehen oder Eindrücke gesammelt werden sollen. Sie eignet sich nicht für ausführliche Analysen.

Brainstorming

Mit der Zuruffrage kann man auch Definitionen vornehmen bzw. sich ihnen annähern, also mit Fragestellungen wie: „Was gehört alles zu …?" oder „Was verstehen Sie unter dem Begriff …?" Sie kann in der Formulierung eine Aufforderung enthalten, unter Umständen ist die Frage auch provokativ. Um eine entsprechende Antwortdynamik auszulösen, empfehlen sich z. B. auch prägnante Sätze oder Satzanfänge, die von der Gruppe weitergedacht werden können. Es sind auch Varianten möglich: Man kann die Liste teilen, links eine Pro-, rechts eine Kontra-Frage stellen, links Missstände und analog rechts Lösungsvorschläge, es lassen sich Vor- und Nachteile zu einer bestimmten Thematik auflisten oder Stärken und Schwächen eines Verfahrens oder eines Teams gegenüberstellen.

Beispiele für Zuruffragen

– Zum Thema Y habe ich folgende Anmerkungen …
– Was fehlt uns noch zur umfassenden Bearbeitung des Themas?
– Wenn wir heute hinausgehen, wollen wir folgende Punkte bearbeitet haben: …
– Was verstehen Sie unter …?
– Die Botschaft hör' ich wohl, allein mir fehlt der Glaube, weil …
– Wenn ich an typischen Sitzungen bei uns denke, fällt mir ein …

4.1.3 Moderatorische Frageformen

Die Variation von Frageformen zielt darauf, die mentalen Modelle der Gruppe zu erreichen und Reflexion auszulösen. Die Besonderheit dieser Interventionen besteht darin, dass sie sich diesen Bezugswelten verständlich machen muss, zugleich sie aber zur Veränderung anregen will. Das ist ein offenes Spiel, das zuweilen gelingt, zuweilen nicht.

• Framing und Reframing

Frames sind eine Bezeichnung für „mentale Landkarten" von Individuen, Gruppen oder Organisationen, mit denen sie Informationen selektieren, ordnen, bewerten und emotional aufladen (Fairhurst & Sarr, 1996 und Boleman & Deal, 1997).

Frames	Reframing
Es wird sowieso alles im Vorstand entschieden.	Heißt das, Sie haben keinerlei Entscheidungsspielräume?
Unsere gesamten Ressourcen fließen doch nur nach China.	Gibt es nicht auch Beispiele für Investitionen am Standort?
Das einzige, was hier klappt, sind die Türen.	Gibt es nicht auch Beispiele dafür, dass Sie etwas erfolgreich gemacht haben?
Wir setzen Entscheidungen nicht wirklich um, wir reden nur.	Können Sie sich nicht auch an Situationen erinnern, wo etwas mit Erfolg umgesetzt wurde?

Abbildung 20:
Leitfragen für Reframing

In Gruppen kommt es häufig vor, dass Frames verabsolutierend und undifferenziert sind, Unterschiede oder Grauzonen werden ausgeblendet. Sie leben so in „Alles oder Nichts"-Szenarien, die keine differenzierte Betrachtung von Optionen und Handlungen ermöglichen. Komplexität wird auf diese Weise nicht reduziert, sondern simplifiziert, Konfliktdynamiken nicht geöffnet, sondern weiter eskaliert. Moderatoren müssen daher lernen, solche mentalen Konstrukte zu erkennen, um sie ihren Klienten bewusst zu machen und gemeinsam daran arbeiten, Diversität und Unterschiede zuzulassen und anzuerkennen. Das geschieht durch umdeutende, relativierende und öffnende Fragetechniken, die man als Reframing bezeichnet (Abb. 20).

Es gibt auch die umgekehrte Konstellation, etwa wenn in einem Team kein einheitliches Verständnis über Problemlagen, Vorgehensweisen, Handlungsoptionen oder Zielsetzungen vorliegt. Die Akteure reden aneinander vorbei, kommen zu keinen abgestimmten Entscheidungen bzw. setzen sie nicht systematisch um. In diesen Fällen geht es darum, einen gemeinsamen Bezugsrahmen, abgestimmte Ziele und damit kollektive Handlungsfähigkeit herzustellen. Die moderatorische Interventionen richten sich vornehmlich darauf, stimmige Frames und gemeinsame Bilder zu entwickeln. Diese können sich einmal auf die Gruppe selbst richten, also ihre Selbstbeschreibung, zum anderen auf die Wahrnehmung und das Handeln in ihrer Realität (Tab. 4).

Öffnung und Schließung

Tabelle 4:
Leitfragen für Framing

	Problem	Ziele	Optionen	Lösungen
Realitäts-wahr-nehmung	Gibt es ein gemeinsames Bild des Problem-Szenarios?	Gibt es gemein-same Zielset-zungen?	Gibt es eine gemeinsame Meinung über mögliche Vorgehens-weisen?	Sind sich alle einig, wie jetzt vorzugehen ist?
Selbstwahr-nehmung der Gruppe	Begreifen alle, welche Anteile sie als Gruppe am Problem haben?	Sind allen mögli-che unterschied-liche Interessen bewusst?	Gibt es Mit-glieder in der Gruppe, die mit einer Option ein Problem haben?	Sind alle von der Lösung über-zeugt und setzen sie um?

In der Moderation ist die Beachtung der in der Grafik dargestellten Systematik sehr hilfreich. Es hat etwa wenig Sinn, in einer Gruppe über mögliche Optionen zu sprechen, wenn kein gemeinsames Problembewusstsein vorliegt. Ebenso wenig ist es hilfreich, über künftige Szenarien oder Visionen zu sprechen, wenn die Gruppe von unterschiedlichen Interessen dominiert wird.

• Zirkuläre Fragen

Die im Rahmen der systemischen Perspektive entwickelte, äußerst fruchtbare Strategie des zirkulären Fragens basiert auf der Annahme eigenbezüglicher Wahrnehmung und Kommunikation in sozialen Systemen. So gesehen, konstruieren sie sich und ihre Realität selbst. Sie werden als in sich relativ geschlossene Systeme interpretiert, ohne Anfang und Ende (Sherwood, 2003). Das heißt nun nicht, dass keine Kommunikation mit anderen Systemen möglich ist, sie wird nur jeweils im Lichte der systemischen Muster gedeutet. Zirkuläres Fragen knüpft an diese Muster an, akzeptiert und wertschätzt sie, versucht aber zugleich, innerhalb dieser Logik fragend Neudeutungen anzuregen und Selbstreflexion auszulösen (Simon & Zech-Simon, 1999).

Es lassen sich unterschiedliche Formen zirkulären Fragens unterscheiden (Tomm, 1996, S. 103 ff.). Fragen nach Unterschieden richten sich auf die Exploration von Differenzierungen oder Klassifikationen in einem sozialen System, während kontextbezogene Fragen eher Zusammenhänge und Hintergründe veranschaulichen. Kategoriale Fragen zielen auf Relationen, Beziehungen, Wahrnehmungen oder Handlungen, zeitbezogene Fragen auf Entwicklungen, etwa zwischen Vergangenheit oder Gegenwart bzw. Interdependenzen in Ereignissequenzen.

Zirkuläre Frage-sequenzen Die Beispiele in Tabelle 5 verdeutlichen ferner, dass zirkuläres Fragen oftmals aus Sequenzen besteht, also aus Fragen, die miteinander verknüpft sind, um die Struktur der zirkulären Muster gleichsam von innen her aufzulösen. Verwendet werden häufig auch hypothetische Fragen, die nach dem Prinzip „was wäre, … wenn" oder „was müsste eigentlich passieren, damit …" aufgebaut sind. Zirkuläre Fragen sind zuweilen recht kunstvolle sprachliche Operationen. Sie versetzen die Akteure gleichsam virtuell in andere mögliche Welten, um die Relativität ihrer jetzigen Bezugssysteme erfahrbar zu machen und damit neue Bedeutungen zu erfinden.

Tabelle 5:
Formen zirkulären Fragens

	Fragen nach Unterschieden	Fragen nach Kontexten
Kategoriale Fragen	Wenn der Gruppenleiter zu sehr dominiert, wie verhalten sich dann die unterschiedlichen Teammitglieder? Wenn solche Konflikte auftauchen, wer beharrt auf seinen Standpunkt und wer versucht eher zu vermitteln? Welche Rollen müssten wir verstärken, um einen Schritt weiter zu kommen?	Was löst es bei Ihnen aus, wenn die Anforderungen aus dem Controlling Ihnen als zu überzogen erscheinen? Könnte es sein, dass diese Anforderungen aus dem Controlling auch Sinn haben und was könnte das sein? Was wären jeweils die Anforderungen, die ein Kompromiss erfüllen müsste?

78

Tabelle 5 (Fortsetzung):
Formen zirkulären Fragens

	Fragen nach Unterschieden	Fragen nach Kontexten
Zeitbezogene Fragen	Wie lassen sich im Rückblick die Stufen beschreiben, in denen der Konflikt eskaliert ist? Wenn dieser Konflikt nicht gelöst wird, wo werden wir dann in 6 Monaten stehen? Was hindert uns daran, nach gemeinsamen Lösungen zu suchen?	Wenn Sie einen Wunsch frei hätten, um künftig Ihre Kooperation im Projekt zu verbessern, was würden Sie sagen? Was müsste passieren, damit dieser Wunsch Wirklichkeit wird? Welchen ersten Schritt müssten Sie dann selbst unternehmen?

Für den Moderator besteht bei diesem Vorgehen ein wichtiger Vorteil darin, dass er auf das System und Interaktion schauen kann, nicht auf einzelne Personen, Rollen oder Funktionen. Damit wird die Moderation neutraler und ist davor geschützt, einzelnen Akteuren Probleme zuzuschreiben, Verhaltensweisen zu interpretieren oder diese gar zu bewerten. Sie werden im Zusammenhang der Beziehungen gesehen und als Austausch begriffen. Diese Veränderung des Blickwinkels des Moderators kann auch den Blickwinkel der Gruppe entspannen und verändern. Sie muss sich nicht für das, was sie ist, verteidigen, weil die Sichtweise des Moderators ihrer Perspektive nicht übergeordnet ist. Es geht also nicht um „besser", sondern um „anders" (Marc & Picard, 1991, S. 141 ff.).

4.1.4 Ergebnissicherung

Etwa ein Drittel der Zeit einer Moderation sollte man für die Ergebnissicherung reservieren. Das wird bei der Planung häufig unterschätzt. Alle Ergebnisspeicher können allerdings während des gesamten Gesprächs fortgeschrieben bzw. ergänzt werden. Manchmal ergibt sich schon zu Beginn eine konkrete Aktivität, die entsprechend festgehalten werden muss. In der Regel werden Ergebnisse jedoch am Ende der Veranstaltung formuliert. Allen Ergebnisformen ist gemeinsam, dass dort die Beiträge ausführlich, verständlich und konkret formuliert werden müssen, um Missverständnisse bei der späteren Umsetzung zu vermeiden. Die Formulierung von Ergebnissen ist zudem ein Prozess im Plenum, damit alle Beteiligten mitbekommen, was nun passiert. Die für einen moderierten Workshop angestrebten Ergebnisformen werden definiert, wenn der Moderator seinen Auftrag abspricht. Sie leiten sich aus dem Ziel des Workshops und dem Entscheidungsspielraum der Gruppe ab. In der Moderation werden zunächst drei klassische Ergebnisarten unterschieden.

Ergebnisse gemeinsam formulieren

Drei klassische Ergebnisarten
– Themen – Was sind unsere Schlüsselprobleme, was liegt noch vor uns? – Empfehlungen – Was schlagen wir vor, was sollte man in Angriff nehmen? – Tätigkeiten – Was setzen wir in den ersten Schritten konkret um?

Abbildung 21:
Kleingruppe mit ihren Arbeitsergebnissen

Ein Ergebnis kann allerdings auch darin bestehen, kontroverse oder offene Punkte herauszuarbeiten, wo die Teilnehmer in Uneinigkeit oder Unklarheit auseinander gehen. Dann sollte aber zumindest geklärt sein, wie man mit diesem Ergebnis weiter verfährt. Wenn keine konkreten Ergebnisse erzielt werden konnten, ist das letztlich auch ein Ergebnis. Dann muss darüber reflektiert werden, wo die Ursachen liegen. So ausgelöste Reflexionen in der Gruppe sind ausgesprochene fruchtbare Momente.

• *Die Themenliste*

Themen sind Aspekte einer komplexen Problematik, die im Prozess von der Gruppe portioniert und separat bearbeitet werden können, um sich schrittweise Lösungen zu nähern, vergleichbar mit Arbeitspaketen im Projekt-Management. Sie werden in einer Themenliste festgehalten und im Verlaufe etwa eines Change abgearbeitet. Der Vorteil besteht darin, dass sie fortlaufend geführt und ergänzt werden kann. Sie liefert einen Leitfaden, an dem für die Gruppe sichtbar bleibt, was sie schon erreicht hat, was in der Bearbeitung ist und was noch vor ihr liegt. In längerfristigen Vorhaben sind Themenlisten ein Orientierungsrahmen, auf den die Gruppe immer wieder zurückkommen kann. Sie resultieren häufig aus der gewichteten Ideenlandschaft oder anderen vorangegangenen moderatorischen Arbeitsschritten. Die Themenliste kann ganz lapidar die Überschrift „Themen" tragen, hilfreicher ist es, wenn die Zielsetzung dieses Schrittes durch eine griffige Überschrift spezifiziert wird.

Themen-speicher

Beispiele für griffige Überschriften von Themenlisten

- Welche Probleme behindern unsere Entwicklung am meisten?
- Was sind die Schlüsselthemen aus der bisherigen Diskussion, an denen wir weiter arbeiten sollten?
- Welche Teilfragen müssen wir in Angriff nehmen, um uns unseren Zielsetzungen schrittweise anzunähern?
- In welchen Problemfeldern benötigen wir neue Lösungszugänge?

Aus der Perspektive des organisatorischen Lernens ist die Formulierung einer gemeinsamen Themenliste von großer Wichtigkeit. Wenn eine Gruppe eine erste Übereinkunft erzielt hat, wo ihre Problemfelder liegen, ist das eine der Bedingungen der Möglichkeit von Veränderung. Die Visualisierung der Handlungsschritte in der Themenliste ist für die Gruppe der optische Ausdruck dieser Klärung. Bis dorthin handelte es sich um Einzelmeinungen, nun ist es akkreditierte Gruppenmeinung. Eine weitere Wirkung der Themenliste besteht in der Vermittlung des Gefühls von Kontrolle. Die anfänglich zunächst konfliktreiche und unübersichtliche Situation erscheint den Betroffenen nun klarer. Bearbeitbare Pakete kristallisieren sich heraus. Sie erhalten Sinn im Kontext der strittigen Problematik. Es vermittelt sich das Gefühl, dass sich Erfolge einstellen können, weil die Lösungsrichtungen erkennbar sind.

• *Empfehlungen*

Empfehlungen sind Vorschläge für zukünftige Aktivitäten, es sind „Tätigkeiten auf der Warteliste", deren Umsetzung von zusätzlichen oder nicht bedachten Einflüssen abhängt. Manchmal ist dafür der Zeitpunkt noch nicht gekommen, Ressourcen stehen nicht zur Verfügung, die Priorität ist nicht sehr hoch oder der Vorschlag sprengt den Kompetenzrahmen der Gruppe. Es wäre jedoch für alle Beteiligten unbefriedigend, wenn diese Vorschläge

Tätigkeiten in der Warte-schleife

einfach unter den Tisch fielen. Daher werden sie in einer gesonderten Liste festgehalten und gehen nicht verloren. Empfehlungen richten sich an die Gruppe selbst, an Kollegen, an Mitarbeiter oder Entscheider, die im Prozess nicht anwesend waren. Wenn sich die Empfehlung an diese Adressaten richtet, muss die Gruppe eine Aktivität vereinbaren, damit die Empfehlungen dort platziert werden.

Beispiele für griffige Überschriften von Empfehlungslisten
– Um den Gedankenaustausch zwischen den Abteilungen zu verbessern, müsste das Management …   – Was sind nachhaltige Vorschläge, um die Kreativität unserer Mitarbeiter im Wertschöpfungsprozess besser zu nutzen?   – Zur Verbesserung der sozialen Kompetenz unserer Führungskräfte schlagen wir vor, …   – Um das Profil unseres Unternehmens auf dem Arbeitsmarkt zu verbessern, sollten wir …   – Um die Diskussionskultur in unseren Sitzungen zu verbessern, empfehlen wir …

Empfehlungen als alleiniges Ergebnis von Workshops haben eine Tücke, der sich Moderatoren sehr bewusst sein müssen. Sie verpflichten die Teilnehmer zunächst nicht zu eigenem Handeln und verführen, Probleme an andere Betroffene zu verlagern. Das könnte ein Anzeichen für einen nicht sichtbaren Konflikt oder latenten Widerstand sein. Bleibt eine Gruppe am Ende einer Moderation derart unverbindlich, ist es ein Anlass für eine gemeinsame Reflexion.

• *Tätigkeiten*

Tätigkeiten sind die konkretesten Ergebnisse, die eine Moderation hervorbringen kann. Sie sind unmittelbar an die Motivation und Kompetenz der Anwesenden gebunden. Tätigkeiten können nur vereinbart werden, wenn sich die Gruppe darauf einigt und einer der Anwesenden sich für die Erledigung der vereinbarten Aktivität verantwortlich zeigt. Der Tätigkeitskatalog steht in der Regel am Ende der Klausur, wenn sich zeigt, wie der Stand der Einigung und der Reifegrad der Ergebnisse zu beurteilen sind. Es wird sichtbar, wie ernst es die Gruppe mit ihren Beiträgen meint und wie sie sich mit dem Ergebnis identifiziert.

Handlungs-orientierung Der Tätigkeitskatalog ist nicht einfach zu moderieren, nicht zuletzt, weil jetzt „Arbeit" auf die Teilnehmer zukommt. Es gilt das Prinzip „weniger ist mehr", d. h., es ist wichtiger, erste Schritte zu machen, als in Euphorie sich zu viel vorzunehmen. Der Zeithorizont der Erledigung sollte zudem

82

nicht zu weit in der Zukunft liegen. Kleine und schnell zu erledigende erste Aktivitäten vermeiden Widerstände. Man nutzt das „Momentum" und es gibt schließlich kurzfristige Erfolgserlebnisse, die motivieren, die nächsten und vielleicht größeren Teilschritte in Angriff zu nehmen.

Der Tätigkeitskatalog besteht aus sehr konkreten Angaben, wie weiter verfahren werden soll. Sie sind bei der Moderation Schritt für Schritt zu vervollständigen, bis allen Anwesenden klar ist, was, von wem, bis wann, mit welcher Unterstützung und welchem Ergebnis bearbeitet werden soll:

Tätigkeitskatalog	
Wer?	Der Verantwortliche für die Durchführung
Mit wem?	Unterstützende Personen oder Funktionen
Bis wann?	Zeitpunkt, zu dem die Tätigkeit erledigt sein soll
Controlling?	Gibt an, woran die Gruppe die Erledigung der Tätigkeit erkennt

Weitere Ergebnisformen

Neben den dargestellten klassischen Ergebnisspeichern sind auch andere Arten von Resultaten denkbar, die am Ende einer moderierten Gesprächssequenz stehen:
- *Richtlinien* sind verbindliche und konkrete Anweisungen, die für bestimmte Situationen gelten.
- *Spielregeln* sind gemeinsam vereinbarte Grundsätze, die den Umgang miteinander regeln sollen. Spielregeln beziehen sich auf die Beziehungsebene, auf das Miteinander in einem sozialen System.
- *Leitlinien* sind langfristige, auch visionäre Ziele, die für alle Mitglieder in der Organisation gelten und dort einen Orientierungsrahmen vorgeben.
- *Resümees* sind die Quintessenz oder gemeinsame Erkenntnisse aus einem Meinungsbildungsprozess.
- *Offene Punkte* können kontroverse oder noch nicht geklärte Themen aus einem Prozess sein, die weiter verfolgt werden sollen.

Tabelle 6 enthält praktische Beispiele, wie die skizzierten Ergebniskategorien konkret aussehen könnten.

Tabelle 6:
Beispiele für mögliche Ergebniskategorien aus moderierten Gesprächen

Richtlinie	Künftig nehmen alle Führungskräfte an den Ergebnisbesprechungen teil.
Spielregel	Wir streben in Sitzungen grundsätzlich einen Konsens bei Entscheidungen an.

Leitlinie	Wir betrachten unsere Lieferanten als strategische Partner und entwickeln mit ihnen gemeinsam die Qualität unserer Produkte systematisch weiter.
Resümee	Die Analyse unserer strategischen Entwicklung auf den XY-Märkten hat ergeben, dass unsere Marktanteile im Vergleich zum Wettbewerb stagnieren.
Offene Punkte	Der Zielkonflikt zwischen Fertigung und Beschaffung über ein Sourcing Konzept ist ungelöst; demzufolge kann die Problematik der Auswahl der vorliegenden Angebote der angesprochenen Lieferanten im Moment noch nicht in Angriff genommen werden.

Systematik der Ergebnisformen

Betrachtet man die dargestellten Ergebnisformen noch einmal im Zusammenhang, dann ist ein Unterscheidungsmerkmal der Grad der Verbindlichkeit. Tätigkeiten sind beispielsweise sehr verbindlich und verpflichtend, Empfehlungen hingegen weniger strikt. Dann können Ergebnisse einen mehr normativen Charakter haben oder sie beziehen sich eher auf die faktische Ebene. Im ersten Fall geht es um die Frage, *wie* etwas gemacht werden soll, im zweiten Fall, *was* gemacht werden soll (Abb. 22).

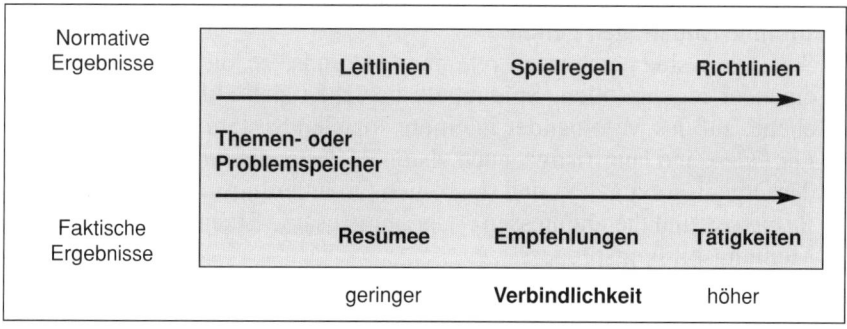

Abbildung 22:
Systematik der Ergebnisarten in der Moderation

Diese Interpretation der Formen von Ergebnissen aus Moderationen erfolgt aus einer handlungsorientierten Perspektive, d. h. es handelt sich um überschaubare Einheiten, die mehr oder weniger schnell in konkrete Aktivitäten umsetzbar sind. Resultate einer Moderation können auch komplexere Ergebnisse sein, beispielsweise Projekt-Vorschläge, Visionen, Strategien oder Organisationsentwürfe. Bei dieser Art von Ergebnissen stellt sich aber auch die Frage, wie sie umgesetzt werden sollen. Dann kommt man wieder auf die vorgestellte konkretere Ebene, Tätigkeiten, Richtlinien, etc.

4.2 Moderatorische Settings und Gruppenarbeits- formen

Die dargestellten Fragetechniken und ihre Verbindung zu einer Dramaturgie in einem Workshop, zielen auf den zeitlichen Aspekt der Moderation. *Settings* und unterschiedliche *Gruppenarbeitsformen* beziehen sich auf den räumlichen Aspekt, die tastende und erkundende gemeinsame Suchbewegung einer Gruppe in der terra incognita ihrer Problem- und Konfliktwelten.

4.2.1 Gruppenarbeitsformen

Darunter fallen unterschiedliche Konzepte der Variation von Gruppengrößen. Das hat für die Moderation eine Reihe von wichtigen Vorteilen:
– Intensivere Begegnungen mit anderen Gruppenmitgliedern führen zum verstärkten Austausch von Ideen und zur Vernetzung der Teilnehmer.
– Sie schaffen eine zugewandte, lebendige und abwechslungsreiche Arbeitsatmosphäre.
– Die Bewegung im Raum führt zu Einnahme unterschiedlicher Standpunkte und zu mehr Perspektivenreichtum.

Bewegung der Gruppe im Raum

– Schließlich lassen sich mit der Wahl unterschiedlicher Arbeitsarrangements gezielte Effekte beim Umgang mit Komplexität und der Regelung von Konflikten erzielen.

Man kann zwischen Plenum, Kleingruppen und Einzelarbeit unterscheiden.

• Plenum

Die plenare Arbeitsform dient von ihrer ursprünglichen Idee in erster Linie der allgemeinen Information und Orientierung. Tiefere und austauschintensive Diskussionen sind schwieriger zu moderieren, der Beteiligungsgrad ist gering.

Zu Beginn einer Moderation ist eine plenare Phase unumgänglich, um die Gruppe zusammenzuführen und einzubinden. Neben den formalen Aspekten, wie etwa die Vorstellung der Anwesenden, gehören in diesen Abschnitt die Darlegung der Zielsetzungen und des Auftrages der Gruppe, die Erläuterung des Ablaufs, die Einigung über gemeinsame Spielregeln und die Klärung der Erwartungen. In dieser Phase kann sich die Gruppe schon als Gruppe konstituieren und ihren gemeinsamen Auftrag annehmen.

Gemeinsamkeiten sichtbar machen

Plenare Formen sind auch wichtig, wenn sich die Anwesenden ein gemeinsames Bild von der zu diskutierenden Problematik und möglicher Konflikte machen müssen. Das kann in Form einer Einstiegspräsentation, einer moderierten Problemlandschaft oder eines gemeinsam entwickelten Konflikt-Szenarios geschehen. Darüber hinaus kommen Plenumsphasen in einer Moderation in Frage, wenn nach Kleingruppen-Aktivitäten ein Zwischenfazit oder erreichte Ergebnisse zur Kenntnis gegeben werden. Das sind Anlässe zu einer gemeinsamen Reflexion, um im Verlaufe einer Moderation sicherzustellen, dass man gemeinsam auf dem richtigen Weg ist.

Unumgänglich ist eine plenare Phase zum Schluss einer Moderation, um die gemeinsamen Ergebnisse zur Kenntnis zu nehmen und zu verabschieden. Es kommt darauf an, dass die Beteiligten mit dem Gefühl in ihre Arbeitsrealität zurückgehen, ein von allen Beteiligen akzeptiertes Resultat erreicht zu haben, das umgesetzt werden kann. An das Ende einer moderierten Sequenz gehört schließlich eine plenare Reflexion über den Verlauf der Veranstaltung, über den Prozess, die erlebte Kooperation, die Qualität der sachlichen Ergebnisse sowie ein Ausblick über die folgenden Aktivitäten. Die Teilenehmer sollten immer mit dem Gefühl zurückgehen, um die Themen und Probleme gerungen und gemeinsam etwas bewegt zu haben. Das Plenum ist der Ort, wo dieser Eindruck erzeugt und benannt werden muss.

• *Kleingruppen*

Eine Kleingruppe besteht aus fünf bis sieben Teilnehmern. Dieser Zuschnitt erlaubt einerseits hinreichende Intensität in der Diskussion, andererseits aber auch eine angemessene Diversität. Kleingruppen bieten sich an, wenn innerhalb einer Moderation die vertiefte Bearbeitung von Teilthemen notwendig wird. Das ist der Fall, wenn zu Beginn im Plenum ein breites Problemszenario entstanden und relevante Einzelthemen herausdestilliert wur-

Erfolgsfaktoren für Kleingruppen

den. Die Bearbeitung in Kleingruppen ermöglicht eine intensivere Diskussion und bessere Ergebnisse, als ein großes Plenum zu liefern vermag, weil man sich dort leicht verzettelt. Bei der Zusammensetzung der Gruppen sollte der Moderator darauf achten, dass sie das relevante Problem- und Konfliktspektrum repräsentieren. Die Zuwahl muss freiwillig erfolgen, aber es empfiehlt sich, vor dem konkreten Beginn dieses Arbeitsschrittes gemeinsam mit dem Plenum einen Blick darauf zu richten, ob die Gruppen gut komponiert sind. Wenn nicht, kann man im Allgemeinen darauf zählen, dass einzelne Akteure bereit sind, zu tauschen.

Darüber hinaus gibt es zwei weitere wichtige Aspekte, die in diesem Zusammenhang erfolgsrelevant sind. Die Auswahl von Themen zur Bearbeitung in Kleingruppen ist noch einmal eine Selektion, die vom Moderator gemeinsam mit der Gruppe kritisch hinterfragt werden sollte. Die nicht bearbeiteten Themen bleiben zwar auf der „Warteliste", aber sie stehen zunächst nicht im Vordergrund und das muss eine bewusste Entscheidung sein. Zweitens sollte der Moderator auf die Formulierung der Themenstellung achten. Angestrebt werden Themen „mittlerer Reichweite". Sie müssen sich einerseits aus dem gesamten, zuvor im Plenum erarbeiteten Problem- und

Konflikt-Szenario ergeben, aber andererseits hinreichend offen und komplex sein, damit es sich lohnt, im Detail daran in einer kompetenten Gruppe zu arbeiten.

Um die gewünschten Resultate innerhalb der zu Verfügung stehenden Zeit zu erreichen, kann es hilfreich sein, den Kleingruppen zur Orientierung eine grobe Arbeitsstruktur vorzugeben. Eine weitere Empfehlung wäre, innerhalb der Arbeitsgruppe verschiedene Rollen für den Prozess zu verteilen. Damit wird eine strukturierte Diskussion unterstützt, die zu gehaltvollen und Ergebnissen führt.

Rollen in der Kleingruppe
– Moderator: Steuert die Diskussion und achtet auf Spielregeln – Visualisierer: Sorgt für die Dokumentation der Ergebnisse – Zeitmanager: Achtet auf das vereinbarte Zeitbudget – Präsentator: Stellt die Ergebnisse dem Plenum vor

• *Zweier-/Dreiergruppen und Einzelarbeit*

Zweier- oder Dreiergruppen kann man in eine moderatorische Sequenz einbauen, wenn ein anstehender Themen- oder Problemaspekt kurz in vertiefter und differenzierterer Weise diskutiert oder gelöst werden soll. Die Gruppe „steckt die Köpfe kurz zusammen" und kommt in 10 oder 15 Minuten zu den geforderten Ergebnissen. Es handelt sich nur um ein Intermezzo, das die Diskussion im Plenum zunächst unterbricht, um sie wieder zur Präsentation zusammenzuführen. Das spart Zeit und verbessert die Qualität der Resultate.

Einzelarbeit liegt vor, wenn die Teilnehmer eine individuelle Aufgabe zu lösen haben. Die zuvor genannten Varianten der Zweier- bzw. Dreiergruppenarbeit lassen sich natürlich auch individuell durchführen, ebenso das Formulieren von Ideenkarten, Ergebnisvorschläge oder reflektorische Anregungen, die dann in einem folgenden Arbeitsschritt gesammelt und im Plenum diskutiert werden.

4.2.2 *Settings in der Moderation*

Die Veränderung von Settings verleiht diesem Schritt in der Sequenz eine bestimmte Bedeutung und zuweilen sogar eine Besonderheit. Der Beginn eines neuen Abschnitts im Prozess oder das Ende einer Episode, etwa wenn man im Kreisgespräch auf einen abgelaufenen Arbeitsschritt zurückschaut, wird so symbolisch hervorgehoben. Settings repräsentieren Bedeutungen, etwa wenn es gilt, einen schwierigen Aspekt in intensiver Diskussion herauszuarbeiten. Sie trennen und verbinden gleichzeitig, sie unterscheiden und

Arbeitsepisoden im Raum markieren

markieren Übergänge zwischen verschiedenen Arbeitsschritten und damit das langsame Fortschreiten des Prozesses mit dem Blick auf die Ziele. Unterschiedliche Arbeitsepisoden in differenzierten Formen verändern den Fokus, ermöglichen Zentrierung, bündeln Energie und verschaffen Zwischenräume, in denen man Distanz und einen neuen Problemzugang gewinnen kann. Diese Symbolik ist der Gruppe häufig nicht bewusst, was ihrer Wirkung durchaus zuträglich sein kann (Exner, 2004, S. 112). Die Teilnehmer spüren sie gleichwohl und passen ihr Verhalten dort intuitiv an.

Idealtypisch lassen sich drei Formen von Settings unterscheiden (Abb. 23).

Suchbewegungen im Raum

Menschen bewegen sich immer in Raumbezügen. Dort kristallisieren sich Beziehungen. Sie lassen sich daher in räumlichen Mustern abbilden und verschieben. Die Veränderung von Mustern über die Modifikation von Raumbezügen entfaltet ihre besondere Wirkung durch einen doppelten Effekt. Die scheinbare Selbstverständlichkeit von Raumbezügen ermöglicht durch einfache Verschiebung einerseits überraschende Ergebnisse, zum anderen entstehen sie ohne bewusstes Zutun. Die Anwesenden erfüllen den veränderten Raum spontan, indem sie Kontakt aufnehmen, ihre Beziehungen und Perspektiven neu justieren und aufeinander abstimmen. Deutlich wird dieser Zusammenhang an Machtbeziehungen. Sie zeigen sich klar im rechteckigen und zentrierten Arrangement von Konferenzräumen. Die offene Form moderierter Workshops löst diese Eindeutigkeit tendenziell auf, die Begegnungen werden spielerischer. Damit ist nicht gesagt, dass Macht keine Rolle spielt, aber innerhalb der vereinbarten Spielregeln und des Beteiligungsspielraums der Gruppe sind hierarchische Formen relativiert.

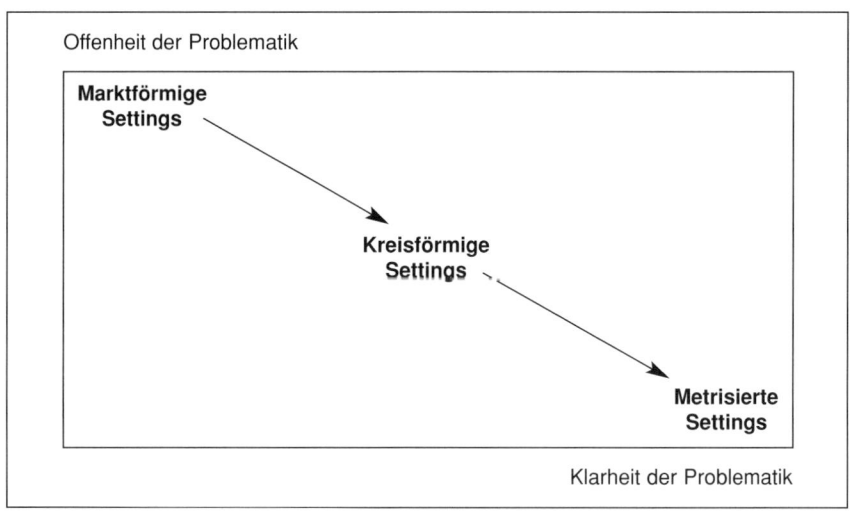

Abbildung 23:
Formen von Settings aus der Sicht von Problem- und Konfliktlösung

88

- *Marktförmige Settings*

Die Metapher „Markt" wird verwendet um anzudeuten, dass sich ein Gleichgewicht zwischen Angeboten und Nachfragen einpendelt. Teilnehmer in Moderationen kommen mit vielen Fragen, aber sie verfügen gleichermaßen über Teile der Antwort, die durch Kommunikation zu einem einheitlichen Bild zusammengefügt werden sollen. Marktförmige Settings sind für diesen Zweck gut geeignet, weil sie offen sind und Strukturierung ermöglichen. Es gibt kaum Orientierungen und die Bewegung im Raum ist in diesem diffusen Kontext insbesondere anfänglich abwartend und unsicher. Der Moderator beschränkt sich auf einleitende Bemerkungen, umreißt Themenstellung und Spielregeln, dann beginnt die Gruppe, sich zu organisieren, anfangs zögerlich, dann aber bestimmter.

Offene Räume. Es sind viele Fragen und wenige Antworten im Raum, jeder der Teilnehmer hat seine Agenda, aber es gibt keine sichtbare Richtung. Die Situation ist offen und es bleibt den Anwesenden selbst überlassen, wie sie sich dort orientieren, welche Themen entstehen und mit wem sie Kontakt aufnehmen. In der durch den offenen Raum symbolisierten Offenheit liegt das kreative Potenzial dieses Arrangements. Die einzige Gemeinsamkeit, die die Teilnehmer haben, ist das Erleben der Offenheit. Daraus entsteht das tiefe Bedürfnis, den Raum selbstständig „irgendwie" auszufüllen. Sind die ersten Schritte erst einmal gemacht, entsteht Mut, Themen zu formulieren und das Potenzial für Selbstorganisation, das in jeder Gruppe steckt, entfaltet seine Wirkung. Am deutlichsten sichtbar sind diese Wirkungen beim Open Space Verfahren, aber auch bei vielen Seitengesprächen in Workshops, die dazugehören. **Offener Raum**

Aufstellungen. Im Rahmen von Aufstellungen nutzt man ebenfalls den offenen Raum, um eine Konflikt- oder Problemsituation zu repräsentieren und diskussionsfähig zu machen. Der Ansatz stammt ursprünglich aus der *Familientherapie* und geht von der Annahme aus, dass sich Beziehungen in sozialen Systemen verdinglichen und sich in räumlichen Anordnungen abbilden, besprechen und verändern lassen. Unter Anleitung des Moderators versucht ein Gruppenmitglied andere Mitglieder der Gruppe, die jeweils im Szenario beteiligte Individuen, Rollen oder Funktionen repräsentieren und im Raum derart zu stellen, dass daraus das Beziehungsnetzwerk deutlich wird. Die jeweilige Positionierung im Raum, Nähe und Abstände sowie Blickrichtungen symbolisieren diesen Zusammenhang. Dann kann gemeinsam mit den Repräsentanten im aufgestellten Problem-Szenario und den Zuschauern erarbeitet werden, wie sich die Situation darstellt, wo die Problematiken liegen und was anders werden müsste, um Beziehungen zu verbessern (Erb, 2001). **Beziehungen im Raum**

Kaffeehaus-Arrangement. Die Teilnehmer befinden sich gleichfalls in einem großen Raum und erleben sich so als Gesamtheit. Aber im Gegensatz zum Open Space sitzen sie in Gruppen von sieben bis neun Teilnehmern an run- **World Café**

89

den Tischen, an denen im Rahmen der geplanten Dramaturgie schrittweise die im Prozess entstehenden Teilaufgaben abgearbeitet werden. Sie bewegen sich dabei innerhalb einer bestimmten Systematik. Zugleich sind Rollen vorgegeben, etwa die des Diskussionsleiters oder des Zeitmanagers. Innerhalb der Veranstaltung wechseln die Teilnehmer auch die Tische, sodass die Austauschintensität erhöht wird. Die Akteure erleben die Situation strukturierter, als im Open Space, weil sie sich gerade zu Anfang an ihren Tischen in einem kontrollierbareren sozialen Raum bewegen können (Browns & Isaacs, 2007).

Künstlerische Formen

Vernissage. Eine Vernissage bietet sich an, wenn in einer moderierten Gruppe künstlerische Formen der Reflexion und der Verarbeitung von Emotionen eingesetzt wurden. Die Teilnehmer stellen ihre Empfindungen und Eindrücke in Form von Bildern oder Grafiken dar. Das hat den Vorteil, dass die Pinnwände und das Moderationsmaterial verwendet werden können. Es sind aber auch eine Vielzahl von anderen Vorgehensweisen denkbar (Loebbert, 2003 und Blanke, 2002). Vernissagen sind sehr gut geeignet nach einem diskussions- und erlebnisreichen Workshop-Tag, um in einer weniger rationalen Form Eindrücke zu bündeln und in einer verfremdeten Form „auf den Punkt" zu bringen.

Agora. Zuweilen verfängt man sich in der Moderation in eine intensive Diskussion, die sich im Kreise dreht und nicht so recht weitergeht. Der Moderator unterbricht, gibt vielleicht 30 Minuten Zeit, es bilden sich Zweier- oder Dreiergruppen, die durch den Raum bzw. im Pausenbereich spazieren gehen, sich einen Kaffee oder ein Erfrischungsgetränk nehmen und das Diskutierte unter sich noch einmal verarbeiten. Es können dabei zwei oder drei Leitfragen vorgegeben werden. Danach werden die Teilnehmer im Plenum gebeten, ihre Ergebnisse kurz zu referieren und anschließend zusammenzufassen. Oft konturiert sich so die wolkige Situation und es kristallisiert sich ein roter Faden heraus, auf den sich die folgenden Schritte beziehen können.

Ergebnismärkte und Messen. Diese Variante ist ein Präsentations- und Diskussionsforum, das sich in der Regel an eine Phase der intensiven Gruppenarbeit anschließt. Die visualisierten Ergebnisse aus den verschiedenen Arbeitsgruppen werden an die Pinnwände geheftet oder mit Krepp an die Wände geklebt. Der gesamte Raum wirkt dann in der Tat wie ein Wochen-

Flanieren

markt. Die Teilnehmer flanieren von Stand zu Stand und jede Kleingruppe erhält Gelegenheit, ihre Ergebnisse vorzutragen, anschießend kann man Fragen loswerden, Ideen ergänzen und diskutieren. Die so entstehenden Ergebnisse werden mitvisualisiert und dienen der anschließenden Vertiefung. Die Gesamtgruppe erhält einen Überblick über den Stand der Diskussion, man kann sich in andere Themen einbringen und seine eigene Gruppendiskussion im gesamten Kontext verorten.

Eine Variante ist die Messe. Sie dient dazu, sich mit Informationen zu versorgen und sich mit neuen Trends vertraut zu machen. Hierzu werden feste

„Standdienste" eingerichtet, die interessante Inhalte präsentieren und zur Diskussion einladen. Die Anwesenden können dann für eine festgesetzt Zeit in Eigenregie durch die Messe gehen und Beiträge loswerden. Messen eignen sich zum Einstieg in eine Moderation, um die Teilnehmer einzustimmen, sie anzuregen und die Thematik der Veranstaltung in einen gemeinsamen Kontext zu stellen.

• Kreisförmige Settings

Der Kreis als Setting hat eine alte Bedeutung. Er symbolisiert die Gleichberechtigung der Akteure und erlaubt eine kontemplative Atmosphäre. Die Teilnehmer sitzen vom Mittelpunkt aus gesehen im gleichen Abstand zueinander, können sich sehen und direkt Kontakt aufnehmen. Der Moderator achtet primär auf die Spielregeln der Interaktion.

Der Kreis. In einem kreisförmigen Arrangement können die Blicke der Teilnehmer ungehindert schweifen und Eindrücke aus dem Gruppengeschehen aufnehmen. Aber auch umgekehrt, kann man sich für Augen-Blicke aus dem Dialog zurückziehen, um im Prozess ausgelösten Assoziationen nachzugehen oder in sich hineinzuhorchen (Freimuth, 1992). Der Kreis ermöglicht eine Atmosphäre, in der der Austausch intensiviert und eine größere Nähe erreicht werden kann. Jeder kann in den gebildeten offenen Raum hineinsprechen, sich das Wort nehmen und zurückgeben. Da im Prinzip niemand direkt angesprochen werden muss, entstehen auch Pausen, die aber nicht Druck erzeugen, sondern Distanz. Der Kreis hat eine entschleunigende Wirkung, wo die Teilnehmer nach hitzigen Gesprächen wieder zu sich kommen.

Symbolik des Kreises im Gespräch

Fish-bowl. Dies ist ein Arrangement, das aus gruppendynamischen Anwendungen bekannt ist. Der größere Teil der Gruppe sitzt im Kreis. Innerhalb des Kreises befindet sich ein weiterer kleiner Stuhlkreis. Einige Stühle sind leer, zwei oder drei Teilnehmer sitzen bereits dort und beginnen eine kontroverse These zu diskutieren. Die außen sitzenden Teilnehmer hören zu und können sich, wenn sie einen Beitrag leisten wollen, in den inneren Kreis setzen und mitreden. Umgekehrt muss sich ein Teilnehmer daraus zurückziehen, wenn er nichts mehr beizutragen hat.

Der Halbkreis – Das klassische moderatorische Setting. Der Halbkreis ist das klassische Setting moderierter Workshop-Arbeit. Seine Wirkung auf die kommunikative Dynamik besteht darin, dass die Anwesenden sich direkt sehen und damit schnell Kontakt untereinander aufnehmen können. Der Halbkreis drückt auch aus, dass sich keiner der Beteiligten in einer hervorgehobenen Position befindet. Der Moderator befindet sich im Zentrum, aber in der Rolle des Diskussionsleiters, Vermittlers und Initiators. Er bleibt, wenn irgend möglich, eher im Hintergrund, hält zwar die Fäden in der Hand, jedoch nur, um sie wieder loszulassen, damit die Gruppe ihren eigenen Weg finden kann.

Der Blick der Gruppe richtet sich durch die Anordnung des Halbkreises zugleich auf die Visualisierungen. Dort finden sich einmal die Leitfragen des Prozesses, die Präsentationsinhalte sowie die bislang von den Teilnehmern erarbeiteten Aussagen und Resultate. Sie sind der Spiegel des Gruppenprozesses, der Ausdruck ihres gemeinsamen Lernens und ihrer kollektiven Identität. Es ist wichtig, dass mit der systematischen Entfaltung dieses Prozesses der Blick der Gruppe sich immer wieder darauf richten kann. Teilnehmer können abschweifen und auf den Plakaten „optisch herumspazieren", ohne abgekoppelt zu werden. So bekommen sie die Struktur des Prozesses immer mit, ebenso wie den Kontext der Ergebnisse. Durch die neu entstehenden Beiträge werden laufend Ideen angeregt, es entstehen Assoziationen und die eigenen Erfahrungen verknüpfen sich mit dem Perspektiven der übrigen Teilnehmer. Diese Spannung trägt und erhält sich durch die Geometrie des Halbkreises. Der Prozess ist durch das Arrangement und den Moderator zugleich gebrochen und vermittelt. Zwischen ihm und den Tafeln mit den sichtbaren Resultaten sowie der im Halbkreis arrangierten Gruppe entsteht ein *diskursiver Raum.* Dort prallen Perspektiven und Interessen aufeinander. Zugleich wird dieser Dialog aber hinterfragt und durch Regeln gesteuert, sodass sich in diesem offenen und zugleich regelhaften Raum Problem- und Konfliktlösungen bilden können.

• *Metrisierte Settings*

Die implizite Symbolik dieser Art von Settings verweist darauf, dass der Austausch zwischen den Akteuren eher formalisiert ist und weniger Offenheit ermöglicht.

Frontal. Die frontale Form, häufig unterstützt durch eine rechteckige Form des Raumes, die Bestuhlung und eine entsprechend zentrierte Präsentationstechnik ist repräsentativ für die meisten Sitzungen und Arbeitstreffen in Organisationen. Es ist offenkundig, dass sie weniger Interaktion zulässt, weil Blickrichtung und damit Aufmerksamkeit auf einen Vortragenden oder Diskussionsleiter konzentriert sind, nicht auf den Austausch der Anwesenden. So kann es nur sehr begrenzt gelingen, die gesamte Komplexität einer Problematik und mögliche Konflikte in den Blick zu nehmen und zu lösen.

Konfrontation. Dies ist eine Form, die gewählt werden kann, wenn man eine kontroverse Themenstellung oder einen Konflikt von seinen unterschiedlichen Seiten betrachten möchte. Die Grundidee besteht darin, Teilgruppen zu bitten, zunächst zu einer kontroversen Problematik jeweils unterschiedliche Argumentationen auszuarbeiten. Die wesentlichen Argumente werden von jeder Gruppe in Form von Thesen formuliert, auf Plakaten visualisiert, von den Teilgruppen nacheinander vorgetragen und erläutert. Die Präsentationen sollen kurz und pointiert sein. Während dieser Vorträge hören die jeweils nicht präsentierenden Mitglieder der Workshop-Teilnehmer zu und versuchen, zu den vorgetragenen Positionen Fragen oder Gegenargumente, zu formulieren und mit zu visualisieren. Dabei ist es sinnvoll, dass sie nebeneinander sitzen und sich beim Schreiben „in die Karten schauen" können. Nachdem die ersten beiden Vortragsrunden vorüber sind, tragen die anderen Gruppenmitglieder ihre Sichten vor. Sie heften nacheinander ihre Gegenargumente direkt zu den visualisierten Thesen ihrer „Gegengruppe" und erläutern sie. Es reicht, wenn zu jeder These ein oder zwei neue oder kontroverse Aspekte vorgetragen werden. Die Auswertung der Konfrontations-Diskussion erfolgt im dritten Schritt in gemischten Kleingruppen. Die Ergebnisse müssen anschließend gleichfalls noch einmal vorgetragen und im Blick auf die nächsten Schritte diskutiert werden.

Talk Show. Die Talk Show beginnt zunächst mit einem Statement jedes Mitgliedes der Diskussionsrunde. Der Moderator versucht entweder spontan oder mit vorbereiteten Fragen die Diskussion weiter zu beleben, wenn es die Repräsentanten nicht schon selbst durch die Unterschiedlichkeit ihrer Sichten machen. Auf diese Weise kommt auf der „Bühne" schnell eine lebendige Diskussion in Gang, in der jeder natürlich Recht behalten möchte, sodass die spezifischen Argumente sehr schön deutlich werden. Diese Diskussion kann sich über eine knappe Stunde erstrecken. Wenn es die Zeit erlaubt, kann man in einer zweiten Phase der Talk Show auch Fragen aus dem Auditorium an die Akteure auf der Bühne zulassen. Die Talk Show eignet sich sehr gut zum Einstieg oder zur Vertiefung in einer Moderation.

4.3   Die Dramaturgie einer moderatorischen Sequenz

Wie jedes gute Theaterstück hat auch ein moderiertes Gespräch eine Dramaturgie. Sie orientiert sich dabei an der Vorstellung von einem Spannungsbogen: Dem *Einstieg* in die Problemstellung folgen *vertiefende Diskussionen*, die in die *Ergebnissicherung* münden.

Die Aufgabe des Moderators besteht darin, in der verfügbaren Zeit und abhängig von der Komplexität der Fragestellung, die Sequenz so zu planen, dass die Gruppe mental und emotional einbezogen wird, die Probleme angemessen diskutiert und schließlich auch adäquate Ergebnisse vereinbart werden können. Dazu müssen die Fragestellungen so formuliert sein, dass sie sinnvoll miteinander verknüpft sind und einen kontinuierlichen Diskussions- und Einigungsprozess ermöglichen, der für die Gruppe nachvollziehbar bleibt. Das macht der Moderator in der Vorbereitung. Er muss diesen Zusammenhang der Gruppe dann im Prozess verdeutlichen bzw. auch aushandeln, da es selten so läuft wie geplant. Bei der Vorbereitung der Veranstaltung muss der Moderator die Leistungsfähigkeit und den Zeitbedarf der einzelnen moderatorischen Techniken und Interventionen im Auge behalten.

4.3.1 Einstieg

Nach der durch den Moderator vorbereiteten anfänglichen Orientierung der Teilnehmer über Regeln, Ziele und Vorgehen ist es für den Moderator und die Gruppe naturgemäß wichtig, wo die einzelnen Mitglieder im Hinblick auf die zu diskutierende Thematik stehen. Technisch eignen sich für die Klärung dieser Fragen in der Regel sehr gut Zuruf- und Einpunktfragen:

– Das vorgestellte Thema löst bei mir folgende Gedanken, Assoziationen, … aus: …
– An diesen Workshop habe ich folgende Erwartungen, Hoffnungen, …
– Was möchte ich geklärt wissen, wenn wir an das Ende dieser Veranstaltung angelangt sind?
– Was sind Probleme, Fragen, …, die wir darüber hinaus im Blick behalten sollten?

4.3.2 Vertiefungsphase

Entfaltung und Reduktion von Komplexität

Die Komplexität der Problemdiskussion wird erlebbar, wenn das Thema ausführlicher diskutiert wird: Probleme werden gesammelt und aufgefächert, Analysen entstehen, Widerstände und Interessen werden transparent, Visionen werden entwickelt. Ist genug Material gesammelt und das gesamte Problemspektrum auf dem Tisch, ist es an der Zeit, die Aufmerksamkeit der Gruppe wieder langsam zu fokussieren. Je nach Zeitbudget kommt an dieser Stelle eine Reihe von Instrumenten in Betracht. Klassisch leistet dies die Kartenfrage als Instrument des Brainstormings oder der widerstreitenden Diskussion. Einen ersten Filter liefert die Mehrpunktfrage. Problembearbeitung in Kleingruppen erfordert noch einmal eine Auswahl von ersten Kernthemen, die ihrerseits wiederum vertieft untersucht, aber auch schon im Hinblick auf Lösungsschritte diskutiert werden. Die Aufgabe des Moderators ist es jetzt, den Spannungsbogen behutsam und in Abstimmung mit der Gruppe wieder etwas zu reduzieren, um das Ziel nicht aus den Augen zu verlieren.

4.3.3 Abschluss und Ergebnissicherung

Wurde der Prozess in diesem Sinne geführt, schließt sich die Ergebnissicherung nun konsequent auch für die Gruppe an. Dazu gehören Kenntnisse der unterschiedlichen Ergebniskategorien und die Form ihrer Moderation. Abhängig vom vereinbarten Ziel und dem Reifegrad der Diskussion werden diese Konzepte jetzt flexibel und gezielt vom Moderator eingesetzt. Insbesondere der Tätigkeitskatalog ist die Nagelprobe für den Erfolg der Moderation. Kommen nur wenig Tätigkeiten zustande, kann es sein, dass

Widerstände nicht oder unzureichend bearbeitet wurden. Werden zu viele genannt, ist zu befürchten, dass sich die Gruppe zuviel vorgenommen hat und einige Maßnahmen vielleicht versanden.

4.3.4 Prinzipielles zur Anmoderation

Die Kompetenz des Moderators ist nicht zuletzt an den Übergängen innerhalb einer moderierten Arbeitssequenz gefragt. Er muss der Gruppe verdeutlichen, wie die einzelnen Arbeitsschritte zusammenhängen und wie sie zum gewünschten Ergebnis führen (Tab. 7). Unerfahrenen Moderatoren passieren während der Anmoderation eines Arbeitsschrittes methodische Fehler, die eine Gruppe irritieren und fehlleiten können.

Tabelle 7:
Anmoderation von Fragen

Inhaltliche Anmoderation	– Fragestellung visualisieren, vortragen, begründen und erläutern – Zusammenhang dieses Schrittes innerhalb der Dramaturgie des Workshops herstellen
Methode erläutern	– Vorgehensweise und Technik erklären – Möglichst immer an Beispielen zeigen, was gemeint ist
Am Schluss	– Material ausgeben; sobald Material ausgeteilt wird, hat der Moderator nicht mehr die Aufmerksamkeit!

4.3.5 Dramaturgische Fehler oder Brüche

Bei der Planung eines Workshop-Konzeptes sollte man also auch auf Stimmigkeit achten. Natürlich weiß man nie, wie „realistisch" die Planung oder das Contracting war und wie dann der tatsächliche Prozess läuft. Zeigen sich hier Probleme, bleibt nichts anderes, als eine „diagnostische Pause" einzulegen, um sich neu zu kalibrieren, den Vorschlag mit der Gruppe zu verhandeln oder abzustimmen (Revers, 2004).

Dosierte und abgestimmte Arbeitsschritte

• Misslungene Einstiegsphasen

Diese sind häufig darauf zurückzuführen, dass nicht genügend Sorgfalt darauf verwendet wurde, die Gruppe zu gewinnen. Das kann auf emotionale und sachliche Gründe zurückzuführen sein, die Gruppe fasst kein Vertrauen, oder sie überschaut die thematisierte Problemstellung nicht. Eine Regel, die sich hier bewährt hat, heißt: „Lieber einmal mehr informieren oder Erwartungen klären als zu wenig". Verliert man zu Anfang Kredit, ist es ungleich schwerer, ihn später wieder zurück zu gewinnen.

95

- *Überzogene Dramaturgien*

Hier liegt der Fehler in der Anlage des moderatorischen Konzeptes darin, zu viel Zeit für die Diskussion von Problemen oder das Ausspinnen von Ideen zu verwenden. Die Gruppe verliert sich in der Komplexität der Fragestellungen und „suhlt" sich in Unverbindlichkeiten. Das Ziel der Veranstaltung ist nicht mehr präsent, von Handlungsorientierung ist keine Rede mehr. Der Moderator hat es versäumt, die Gruppe mit den realen Anforderungen zu konfrontieren und ihre Verantwortung für konkrete Aktivitäten einzuklagen. Was dann bleibt, ist ein Fazit des Erreichten und die Vereinbarung von Folgeschritten sowie eine Reflexion darüber, wie diese „Flucht" zustande kam.

- *Dramaturgische Brüche*

Diese Probleme entstehen, wenn moderatorische Fragestellungen für die Gruppe nicht sinnvoll miteinander verknüpft sind oder sie zu viel Redundanz enthalten. Im ersten Fall werden gleichsam zu große Gedankensprünge erwartet, im zweiten Fall dreht sich die Gruppe im Kreis, weil die Fragen sich zu sehr ähneln. Die Dramaturgie der Fragestellungen muss demzufolge vom Moderator unter dem Gesichtspunkt betrachtet werden, ob sie eine sinnvolle Folge von ineinander verschachtelten Arbeitsschritten ergibt, die auf das angestrebte Ergebnis und das Ziel orientiert. Diesen Zusammenhang muss er beim Anmoderieren der einzelnen Schritte sich selbst und der Gruppe immer wieder klarmachen, damit der Bezugsrahmen ihrer Arbeit präsent bleibt.

- *Probleme bei der Ergebnissicherung*

Manchmal stellt sich erst am Schluss einer Sequenz heraus, dass die Gruppe Probleme hat, sich zu konkreten Schritten zu entschließen. Aus dramaturgischer Perspektive kann das daran liegen, dass der Zeitbedarf für diese Phase zu knapp kalkuliert oder die Zielsetzung im Verlaufe der Arbeit nicht immer deutlich wurde. Möglicherweise stimmt auch die Ergebniskategorie nicht, d. h. es ist vielleicht für Tätigkeiten noch zu früh oder es steht zunächst die Vereinbarung von Spielregeln auf der Agenda, weil die Beziehungen das eigentliche Thema sind.

4.4 Reflexion

Die Bedeutung der Reflexion und die Beobachtung der Reflexion erschließt sich mit dem erwähnten Ebenenkonzept von Bateson (1981). Finden Lernprozesse nur nach dem Prinzip von Versuch und Irrtum statt, handelt es sich um einen rein adaptiven Vorgang. Sobald sich aber die Denkbewegung bewusst auf diesen Prozess selbst richtet, spricht man von Reflexion. Der Vorgang des Lernens und seine Veränderung werden zum Thema. Wie aus der Formulierung „Lernen lernen" hervorgeht, ist das auf den ersten Blick eine Paradoxie, weil ein neues Muster in alten Mustern gedacht werden muss. Es handelt sich jedoch um verschiedene logische Ebenen. Reflexion heißt gleichsam, sich neben sich zu stellen und sich zu beobachten. Damit ist formallogisch gesehen, eine neue Ebene erreicht, sodass es gelingen kann, etablierte und sich selbst reproduzierende Muster des Denkens und Verhaltens zu verstehen und zu durchbrechen. Lernen auf der ersten Ebene führen zu Berichtigungen innerhalb der organisatorischen Rahmensetzungen und Werte, es ist instrumental und bezieht sich auf die Ebene der Effektivität, wie man am besten bestehende Ziele erreicht. Lernen auf der zweiten Ebene erfordert Selbstbetrachtungen, welche die Normen und Werte der Organisation selbst verändern (Argyris & Schön, 1999, S. 37).

Selbst-beobachtung

Die darüber hinaus reichende dritte Lernebene bezieht sich auf die Reflexion impliziter und hinderlicher Voraussetzungen, die die Lernfähigkeit des betroffenen Systems selbst betreffen. Das ist ein Reflexionsvorgang, der besonders in Gruppen mit sehr fixierten Mustern ein gewisses Abstraktionsvermögen verlangt. Es gehört nicht zuletzt zu den Aufgaben des Moderators, gerade solche Reflexionen anzuregen, wenn Widerstände gegen angestoßene Veränderungen von Mustern spürbar werden und etwa Rückmeldungen zu keinem sichtbaren Erfolg führen. Je tiefer Reflexionen sind, die im Rahmen von Moderationen ausgelöst werden, umso mehr berühren sie die organisatorische Identität und umso stärker werden die damit verbundenen Konflikte sein. Das Herausarbeiten solcher grundlegenden Muster und ihre Transformation eine unumgängliche Anpassungsleistung, die schließlich zum notwendigen Wandel führt (Gardner, 2004).

Widerstände und Blockaden

Nimmt man darüber hinaus noch einmal die klassische Unterscheidung zwischen Sach- und Beziehungsebene hinzu, erhält man systematisch die folgenden vier Ebenen der Reflexion (Tab. 8).

Tabelle 8:
Ebenen der Reflexion

	Lernebene II	Lernebene III
Sachebene (Themen-, Ziel- und Ergebnisreflexion)	Machen wir die Dinge richtig?	Machen wir die richtigen Dinge?
Beziehungsebene (Prozessreflexion)	Wie haben wir als Gruppe im Prozess kooperiert?	Wie sind wir mit dem Feedback auf den Prozess umgegangen?

4.4.1 Themen-, Ziel- und Ergebnisreflexion

Die sachbezogene Seite der Reflexion kann sich auf verschiedene Aspekte innerhalb der Phasen des Problemlösungszyklus in einem moderierten Prozess beziehen. Sie kann beginnen mit der Frage, ob man die richtigen Themen bearbeitet, ob die Ziele übereinstimmen, ob die Entscheidungskriterien transparent sind oder ob am Ende nachhaltige Ergebnisse erzielt wurden. Anlässe für solche Reflexionen entstehen, wenn Teilnehmer den roten Faden verlieren, die Kreativität nachlässt oder am Ende eines Workshops sich keine Verantwortlichen finden, die konkrete Themen weiterverfolgen wollen. Zuweilen drängen Gruppen auch allzu schnell zu Lösungen, weil sie die Komplexität ihrer Problematik nur schwer aushalten. Es gibt also verschiedene Situationen in der Moderation, wo es sich lohnt, das Ganze des Arbeitsfeldes in den Blick zu nehmen und das Erreichte kritisch zu betrachten. Der Moderator stellt reflektorische Fragen situativ im Verlaufe des Prozesses, zu Beginn oder am Ende, um Zielorientierung, Relevanz und die Umsetzung der Lösungen sicherzustellen. Für die konkrete Moderation steht das gesamte Spektrum moderatorischer Techniken zur Verfügung (Tab. 9).

Tabelle 9:
Moderatorische Techniken zur Reflexion

Phase	Beispielfrage	Technik
Einstieg	Am Thema des Workshops habe ich folgende Interessen …	Zuruffrage
Vertiefung	Folgende Aspekte sind für mich bislang offen geblieben …	Kartenfrage
Priorisierung	Wie ausgeprägt ist mein Interesse an den gewählten Teilproblemen?	Abstimmung „mit den Füßen"
Ergebnissicherung	Wie nachhaltig sind unsere erreichten Ergebnisse im Hinblick auf unser Ausgangsproblem?	Einpunktfrage

Die Bedeutung des Reflexionsschrittes wird für die Gruppe erhöht, wenn der Moderator zugleich Setting und Arbeitsformen verändert. Beim dritten Beispiel in der vorstehenden Tabelle (Abstimmung mit den Füßen), werden etwa die ausgewählten Probleme im Raum symbolisiert. Die Gruppenteilnehmer ordnen sich dann sichtbar einem Problem zu. Dieses Verfahren ist weniger anonym, als etwa eine Einpunktfrage. Es setzt also in der Gruppe schon Vertrauen voraus, andererseits ist die Wirkung dieser Intervention aber umso eindrucksvoller, weil für alle Anwesenden klar ist, dass die Gruppe uneins ist und es nicht angesprochen hat (Anregung aus:

Klebert, Schrader & Straub, 2002, S. 134). Reflektorische Fragen öffnen und verbreitern den Horizont, heben Blockaden auf und erlauben einen neuen Anlauf.

4.4.2 Prozessreflexion

Prozessreflexion bezieht sich auf Beziehungen, Kommunikation und Kooperation in einer Gruppe und zum Moderator. Anlässe sind Spannungen oder Blockaden, die sich in der Gruppe zuweilen unterschwellig zeigen. Ignorieren, Mutmaßungen oder Schuldzuweisungen helfen natürlich nicht. Es gehört zur Moderation, diese Stimmungen transparent und diskutierbar zu machen. Verständlicherweise werden solche Interventionen in sachbezogenen Arbeitskulturen als heikel wahrgenommen. Moderatorisches Fingerspitzengefühl ist also gefragt. Um ein offenes und kreatives Arbeitsklima zu sichern, kann es sinnvoll sein, frühzeitig Spielregeln zu vereinbaren, um mit veränderten Stimmungen umzugehen. Eine klassische Sammlung solcher Regeln ist bereits vor Jahren im Rahmen der TZI entstanden und wurde in Moderationen vielfach angewendet.

Spielregeln für Reflexionen

Spielregeln bei veränderten Stimmungen

– Störungen haben Vorrang, d. h., wenn sich ein Teilnehmer unzufrieden fühlt, zeigt er das an.
– Wahrnehmungen beschreiben, nicht vermuten oder bewerten.
– Ich-Botschaften senden, d. h. der eigenen Wahrnehmung vertrauen.
– Aktiv zuhören, d. h. die Bemühungen richten sich darauf, zunächst zu verstehen, was gesagt wurde; Gegenfragen eher vermeiden.

4.4.3 Imaginative und szenische Formen der Reflexion

Das Erkennen von Mustern und die Reflexion von Beziehungen ist in vielen Kulturen schwierig und stößt oftmals auf Tabus. Auf der Suche nach neuen Methoden sind gute Erfahrungen mit imaginativen und szenischen Formen gemacht worden, weil sie eher die Phantasien der Teilnehmer ansprechen und Emotionen zu adressieren vermögen (Blanke, 2002). Vereinfacht lassen sich zwei Grundformen unterscheiden:
– Imaginative Formen: Bildhafte Darstellungen und Collagen
– Szenische Formen: Kurze von den Teilnehmern gespielte Szenen.

Bilder, Collagen und Szenenspiele

Bei der Verwendung von imaginativen Formen entwickeln die Teilnehmer Bilder aus ihrer Realität, die repräsentativ insbesondere für ihr emotionales Erleben dort sind. Man kann dafür Symbole (Morgan, 2000) verwenden

99

oder konkrete, erlebte Situationen darstellen lassen (Freimuth & Friedmann, 1995). Szenische Formen sind kurze von den Teilnehmern entwickelte und gespielte Episoden, die gleichfalls beispielhaft für die Kultur der Organisation stehen. Es handelt sich in beiden Fällen um Formen der Selbstbeschreibung von Systemen, die zunächst interpretationsoffen sind, aber gerade dadurch Reflexion und Veränderung auslösen können (Freimuth, 1987 und 1995). Die Wirkung imaginativer und szenischer Formen der Reflexion beruht auf folgenden Effekten.

Effekte von imaginativen und szenischen Reflexionsformen

- Verfremdung: Die Thematik erscheint in einem neuen Licht und ermöglicht somit einen veränderten Zugang.
- Symbolik: Ein Problem wird an einem „Übergangsobjekt" dargestellt und kann so distanzierter betrachtet werden.
- Offenheit: Die Darstellungen sind für Interpretationen offen und lassen Raum für gemeinsame Erkundungen.
- Imagination: Sie erlaubt eine ganzheitliche und weniger durch Rationalität zensierte Wahrnehmung.
- Experiment: Die Teilnehmer probieren neue Formen der Interaktion und Kooperation aus.
- Aktivierung: Es sind stets Prozesse, die viel Energie freisetzen.

Es empfiehlt sich, die Darstellung der Ergebnisse in einem besonderen Rahmen zu legen, etwa als Vernissage oder einer gemeinsamen Aufführung. Die Rolle des beobachtenden Moderators besteht nicht in der Interpretation. Seine Aufgabe richtet sich darauf zu beobachten, wie die Gruppe mit ihrer Selbstexploration umgeht und über sich lernt. Nur darauf beziehen sich seine Rückkopplungen.

5 Fallbeispiele aus der betrieblichen Praxis

Die beiden folgenden Fallstudien sollen exemplarisch zwei unterschiedliche Aspekte aus der moderatorischen Praxis noch einmal verdeutlichen. Im ersten Fall geht es um die Darstellung einer konkreten Intervention mit moderatorischen Mitteln. Im zweiten Beispiel liegt der Fokus darauf, die innere Logik einer moderatorischen Sequenz sowie die Wirkung eines spezifischen Settings.

5.1   Beispiel 1

Ausgangssituation

Ein Management-Team erhielt im Rahmen eines Change-Vorhabens die Rückmeldung von den Mitarbeitern, dass die Führungssignale als wenig kohärent wahrgenommen werden. Die sieben Mitglieder des Teams selbst zeigten in diesem Zusammenhang wenig Problembewusstsein, waren aber bereit, im Rahmen einer moderierten strategischen Klausur gemeinsam über die langfristige Ausrichtung des Unternehmens nachzudenken. Vereinbart wurde ein eineinhalbtägiger Workshop.

Problematik

Als zentrales Problem sahen die Moderatoren, die innere Einsicht des Teams in die Notwendigkeit der Entwicklung eines gemeinsamen strategischen Bezugsrahmens auszulösen. Der Eindruck war, dass das „Nebeneinander" der Teammitglieder durchaus eine Funktionalität hatte, weil damit jeder einzelne sich in seinem Bereich optimieren konnte, ohne konfliktreiche Abstimmung und Rücksicht auf das gesamte System.

Moderatorische Intervention

Es hätte wenig Sinn gehabt, sofort mit Umfeldanalysen, Stärke/Schwächen-Betrachtungen und Zielbildung zu beginnen, weil die Gefahr gesehen wurde, dass ein solches Vorgehen nur zu einer vordergründigen Einigung führt. Die im Moderatoren-Team diskutierte Frage war daher, wie eine wirklich nachhaltige Betroffenheit erzeugt werden könnte. Als Intervention wurde vereinbart, dass zu Beginn der Klausur jedes Teammitglied in Einzelarbeit die aus seiner Sicht drei wichtigsten strategischen Ziele der gesamten Organisation aufschreiben sollte. Sie wurden dann gesammelt, von den Moderatoren nach und nach an die Tafeln geheftet und dann mit dem Team nach ihrem inneren Zusammenhang geordnet. Dann erging die Bitte an die Teilnehmer, die entstandene Übersicht noch einmal zu gewichten: Die konkrete Formulierung lautete: „Mit welchen dieser Ziele erhöhen wir am nachhaltigsten den Unternehmenswert?"

Die erste Übersicht der Ziele und die gemeinsame Diskussion über ihren Zusammenhang waren frappierend. Von einer einheitlichen Ausrichtung konnte kaum die Rede sein, auch die Gewichtung erbrachte keine klare Priorisierung. Damit wurde der Gruppe aus eigener Anschauung klarer, wie berechtig die Kritik der Mitarbeiter war. Die Moderatoren schlossen nach diesem Schritt die reflektorische Frage an, worin die Attraktivität dieses Mangels an gemeinsamer Ausrichtung bestehen könnte. Die Gruppe arbeitete in dem folgenden moderierten Gespräch heraus, dass sie sich so die

„Mühen" der Abstimmung untereinander ersparten, zum anderen fand sie heraus, dass ihre Anreize primär in der individuellen Erreichung von Budget-Zielen bestanden. Es existierten keine Anreize, um Gesamtziele zu erreichen. Erst als diese Grundlage geschaffen war, „machte es Sinn", in den folgenden Schritten auf die technischen Seiten der Zielformulierung zu kommen, Analysen, Szenarien und Visionen.

Kommentar

Die Wirkung der skizzierten Intervention beruht auf der Idee des *Framing*, ein Konzept, das aus der kognitiven Psychologie stammt. Das Ziel besteht darin, innerhalb eines Teams von unkoordiniert wirkenden Akteuren einen gemeinsamen Bezugsrahmen (Frame) zu schaffen. Entscheidend dabei ist, dass die Mitglieder ihre eigene Heterogenität zunächst selbst erleben, da sie keinen Anlass sahen, sich als „Problemsystem" zu begreifen, im Gegenteil, die Vermeidung von Konflikten bei einer vermutlich schwierigen Einigung über diese Frage verschaffte allen gleichsam Ruhe und Beschaulichkeit.

Daher bestand der erste Schritt der Moderation in der individuellen Formulierung der vermeintlichen Teamziele, dann im Zusammenfügen an den Pinnwänden, den Versuch der gemeinsamen Ordnung und der Gewichtung. Das gemeinsame Bild, das die Gruppe von sich erzeugte, ergab gleichsam „kein Bild". Das war der Reflexion auslösende Effekt, der im Übrigen auch dem Feedback der Mitarbeiter entsprach. Die zweite Frage – worin besteht die Attraktivität der gegenwärtigen Situation? – entstammt aus dem Repertoire der systemischen Fragetechniken. Sie sollte bewusst machen, sich im Team Muster gebildet und verfestigt haben, die nicht zufällig sind und ein Potenzial für Rückfälle in alte Gewohnheiten bilden.

5.2   Beispiel 2

Ausgangssituation

Eine mittelgroße Manufaktur mit einer handwerklichen Tradition von Jahrzehnten ist auf der Suche nach einer klaren Identität, basierend auf seinen Kernkompetenzen und Werten. Bei der Gründung des Unternehmens gab es eine starke Verbindung zu sozialreformerischen Bewegungen. Das Unternehmen zeichnete sich zudem immer schon durch seine schwer kopierbare handwerkliche Expertise aus. Dabei wurde immer schon mit Künstlern und Architekten kooperiert und experimentiert, heute kommen Designer hinzu. Die Planung und technische Durchführung der jeweiligen Vorhaben erfordern darüber hinaus mehr und mehr das Wissen von Ingenieuren. Die Produkte sind zumeist Unikate, die auf individuelle Anfrage gefertigt werden. Sie sind alle von höchster Qualität, entsprechend ist die Preisgestaltung. Das wichtigste Marktsegment des Unternehmens liegt im Luxusbereich.

Vereinbart wurde mit der Geschäftsleitung eine Klausur von eineinhalb Tagen, zu der unterschiedlichste Experten aus den Bereichen Kunst, Architektur, Museen, Design und Marketing zu einem meinungsbildenden Workshop eingeladen wurden. In einer Moderation sollte herausgearbeitet werden, wie das Unternehmen von außen stehenden Experten gesehen wird und in welche Richtung es sich entwickeln könnte. Dabei wurden natürlich anregende Kontroversen aufgrund der verschiedenen Expertisen erwartet. Das Ziel bestand darin, sich in diesen unterschiedlichen Perspektiven der außen stehenden Beobachter zu hinterfragen und zu spiegeln, Gemeinsamkeiten und Spannungsfelder zu entdecken. Die Führungskräfte des Unternehmens sollten dabei primär in der Rolle von Zuschauern und Zuhörer bleiben. Die Veranstaltung sollte der Meinungsbildung und Selbstreflexion im Unternehmen dienen, konkrete Ergebnisse wurden zunächst nicht erwartet.

Problematik

Aus der kurzen Skizze wird deutlich, in welchen heterogenen Feldern sich das Unternehmen bewegt. Daraus resultieren prinzipiell zwei moderatorische Fallen. Das Bedürfnis nach Ordnung löst möglicherweise ein allzu schnelles Drängen nach Lösungen aus, andererseits verführt die Komplexität der Thematik dazu, sich von ihr forttreiben zu lassen und unverbindlich zu bleiben. Es kam also im Workshop darauf an, ein angemessenes Entfalten und Reduzieren der Komplexität und Konfliktfelder zu initiieren. Dieses Ziel musste sich in einer entsprechend „gedehnten" Dramaturgie und moderatorischen Gesprächsführung wiederfinden.

Moderatorisches Vorgehen

Die Dramaturgie der Veranstaltung wurde als ein Prozess der Annäherung an die Thematik konzipiert. Die Repräsentanten des Unternehmens waren in der Phase der Präsentationen und Diskussion durch die Experten in der Zuschauer- und Zuhörer-Rolle. Entsprechend wurde das Setting arrangiert, ein Bereich für die Moderation und davon optisch getrennt die Feedback-Nehmer.

Die Schritte der Annäherung an die Thematik im Rahmen der Dramaturgie lassen sich wie folgt beschreiben:

Annäherung an die Thematik

1. Annäherung: **Selbstbeschreibung** (Geschäftsführer)
   - Geschichte und Geschichten aus dem Unternehmen
   - Metamorphosen in der Entwicklung des Unternehmens
   - Gemeinsamer Rundgang im Unternehmen

2. Annäherung: **Fremdbeschreibung** (Experten)
   Statements zu folgenden Leitfragen:
   - Was ist das Besondere des Unternehmens?
   - Was wirkt da zusammen?
   - Welche Fragen beantwortet das Unternehmen?
   - Was sind neue Fragen, auf die es eine Antwort geben sollte?

3. Annäherung: **Spannungsfelder** (Moderiertes Gespräch)
   - Wo sind Differenzen zwischen Selbst- und Fremdbeschreibungen?
   - Wo sind Differenzen zwischen den Fremdbeschreibungen?
   - Was sind offene und kontroverse Fragen?

4. Annäherung: **Übereinstimmungen** (Moderiertes Gespräch)
   - Kristallisiert sich ein gemeinsamer Rahmen heraus?
   - Kristallisieren sich Umrisse eines gemeinsamen Bildes heraus?
   - Was sind mögliche Motive dieses Bildes?
   - Was passt eher nicht ins Bild?

5. Annäherung: **Zukünfte** (Moderiertes Gespräch)
   - Was könnten weitere und neue Themen sein, die das Unternehmen aufgreifen könnte?
   - In welcher Form könnten sie aufgegriffen werden?

Fazit und Feedback (Geschäftsführer)

Kommentar

An dem Beispiel kann man gut sehen, wie in der Moderation raumzeitliche Arrangements sich zu einer spezifischen Intervention zusammenfügen lassen. Die räumliche Trennung symbolisierte für die Führungskräfte des Unternehmens, dass sie sich gleichsam im Feedback-Modus befanden. In der Fragefolge der Moderationssequenz wurde schrittweise die Komplexität der Thematik aus der Perspektive von Experten entfaltet. Das Ergebnis am Ende der Veranstaltung war zunächst nur ein erstes Resümee, natürlich geht der Prozess intern weiter.

Für die Repräsentanten des Unternehmens war es nach ihrem Bekunden eine anregende Erfahrung, fast einen kompletten Tag außen stehenden Beobachtern nur zuzuhören, wie über sie und ihre Arbeit gesprochen wurde. Anregungen und Spannungsfelder entstanden nicht nur aus den fachlichen

Differenzen der Experten, sondern auch aus den unterschiedlichen Formen der Darstellung, die vom nüchternen Marketing-Jargon bis hin zu sehr emotionalen Perspektiven eines Künstlers reichten. Es liegt auf der Hand, dass diese Beschreibungen nicht uneingeschränkt Zustimmung fanden. Das Ziel bestand ja auch in der Irritation und der Öffnung für Neues. Die Moderation bestand darin, unauffällig durch diesen Kanon von Fragen zu führen. die Pluralität der möglichen Sichten zu entfalten, Unterschiede zuzulassen und nach ersten Konturen möglicher Trends zu fragen.

Im abschließenden ersten Feedback wurde als wichtigstes Ergebnis aus der Sicht der Geschäftsführung festgehalten, dass vieles, was implizit und intuitiv „immer schon" gewusst wurde, in vielerlei Hinsicht nun konturenschärfer war. Zum anderen konnte einige Optionen, die im Rahmen des Expertendiskurses angeregt wurden, ausgeschlossen werden. Insgesamt hat sich so der Suchpfad für die Formulierung der Unternehmensidentität eingeengt und konkretisiert.

6   Weiterführende Literatur

Bruck, W. & Müller, R. (2007). Wirkungsvolle Tagungen und Großgruppen. Offenbach: Gabal.

Freimuth, J. (2000). *Moderation in der Hochschule. Konzepte und Erfahrung in der Hochschullehre und Hochschulentwicklung.* Hamburg: Windmühle.

Freimuth, J. & Straub, F. (Hrsg.). (1996). *Demokratisierung von Organisationen. Philosophie, Ursprünge und Perspektiven der Metaplan-Idee.* Wiesbaden: Gabler.

Hartmann, M., Rieger, M. & Auert, A. (2003). *Zielgerichtet moderieren. Ein Handbuch für Führungskräfte, Berater und Trainer* (4. Auflage). Weinheim: Beltz.

Klebert, K., Schrader, E. & Straub, W. G. (2002). Moderationsmethode. Das Standardwerk. (10. Auflage). Hamburg: Windmühle.

Lipp, U. & Will, H. (1996). *Das große Workshop-Buch. Konzeption, Inszenierung und Moderation von Klausuren, Besprechungen und Seminaren.* Weinheim und Basel: Beltz.

Mayrshofer, D. & Kröger, A. (1999). *Prozesskompetenz in der Projektarbeit.* Hamburg: Windmühle.

Redlich, A. (1997). *Konfliktmoderation.* Hamburg: Windmühle.

Revers, A. (2004). *Woran Workshops scheitern ... und was Moderatoren dagegen tun können.* Hamburg: Windmühle.

Schievers, J. & Kurzweg, V. (2004). *Seminar-Moderation. Aktivieren und Beteiligen im Seminar.* Hamburg: Windmühle.

Schnelle-Cölln, T. & Schnelle, E. (1998). *Visualisieren in der Moderation.* Hamburg: Windmühle.

Schwiers, J. & Kurzweg, V. (2004). *Seminar-Moderation.* Hamburg: Windmühle.

7 Literatur

Adam, D. (1997). *Planung und Entscheidung*. Modelle – Ziele – Methoden. Wiesbaden: Gabler.

Altmann, G., Fiebiger, H. & Müller, R. (1999). *Mediation: Konfliktmanagement für moderne Unternehmen*. Weinheim und Basel: Beltz.

Bachmann, R. & Zaheer, A. (Eds.) (2006). *Handbook of Trust Research*. Cheltenham: Edward Elgar Publishers.

Baecker, D. (1998). Einfache Komplexität. In H. W. Ahlemeyer & R. Königswieser (Hrsg.), *Komplexität managen. Strategien, Konzepte und Fallbeispiel*, 17–50, Wiesbaden: Gabler.

Baecker, D. (Hrsg.) (2005). *Schlüsselwerke der Systemtheorie*. Wiesbaden: VS.

Bamberger, G. G. (2001). *Lösungsorientierte Beratung* (2. Auflage). Weinheim: Beltz PVU.

Bateson, G. (1985). *Ökologie des Geistes*. Frankfurt: Suhrkamp.

Bateson, G. (1987). *Geist und Natur*. Frankfurt: Suhrkamp.

Beer, S. (1966). *Decision & Control. The Meaning of Operational Research & Management Cybernetics*. London, New York: John Wiley.

Bendixen, P., Schnelle, E. & Staehle, W. H. (1968). *Die Evolution des Managements. Neue Wege des Methoden- und Verhaltenstrainings für Entscheider in konkreten Problemen und Konflikten*. Quickborn: Schnelle.

Benin, K. (2009). Die Führungskraft als Coach – Chancen, Schwierigkeiten, Voraussetzungen. In F. Schulz von Thun & D. Kumbier (Hrsg.), *Impulse für Führung und Training. Kommunikationspsychologische Miniaturen*, 43–71. Reinbeck bei Hamburg: Rowohlt.

Bennis, W. G. & Schein, E. (1975). Die Anwendung des Laboratoriumstrainings für die Umgestaltung sozialer Systeme. In W. G. Bennis, K. D. Benne & R. Chin (Hrsg.), *Änderung des Sozialverhaltens*, 286–314. Stuttgart: Ernst Klett.

Beyer, J. (2006). *Pfadabhängigkeit*. Frankfurt und New York: Campus.

Blanke, T. (2002). *Unternehmen nutzen Kunst. Neue Potentiale für die Unternehmens- und Personalentwicklung*. Stuttgart: Klett-Cotta.

Bolman, L. G. & Deal, T. E. (1997). *Reframing Organizations. Artistry, Choice, and Leadership* (2nd ed.). San Francisco: Jossey Bass.

Böning, U. (1994). *Moderieren mit System*. Wiesbaden: Gabler.

Boos, F. & Heitger, B. (Hrsg.). (2004). *Veränderung – Systemisch*. Stuttgart: Klett-Cotta.

Boos, M. (1998a). „Einer für alle", „jeder für sich" oder „mit den Augen des andern". Führung und Zusammenarbeit in Gruppenentscheidungen. In E. Ardelt-Gattinger, H. Lechner & W. Schlögl (Hrsg.), *Gruppendynamik. Anspruch und Wirklichkeit von Gruppen*, 84–95. Göttingen: Hogrefe.

Boos, M. (1998b). Von Einzelaspekten zu ‚kognitiven Landkarten' – Problemstrukturierung und Argumentation in Gruppen. In E. Ardelt-Gattinger, H. Lechner & W. Schlögl (Hrsg.), *Gruppendynamik. Anspruch und Wirklichkeit von Gruppen*, 244–250. Göttingen: Hogrefe.

Bornstein, D. (2004). *Die Welt verändern. Social Entrepreneurs und die Kraft neuer Ideen*. Stuttgart: Klett-Cotta.

Briegel, K. (2002). *Souverän moderieren. Techniken, Praxisfälle, Checklisten*. Stuttgart: Luchterhand.

Browns, J. & Isaacs, D. (2007). *Das World Café. Kreative Zukunftsgestaltung in Organisationen und Gesellschaft*. Heidelberg: Carl Auer.

Bruck, W. & Müller, R. (2007). *Wirkungsvolle Tagungen und Großgruppen*. Offenbach: Gabal.

Bruffee, K. A. (1999). *Collaborative Learning. Higher Education, Interdependence, and the Authority of Knowledge* (2nd ed.). Baltimore & London: John Hopkins University Press.

Buzan, T. & Buzan, B. (1996). *Das Mind-Map-Buch.* Landsberg/Lech: Moderne Industrie.

Cohen, A. R. & Bradford, D. L. (2005). *Influence without Authority* (2nd ed.). Hoboken: John Wiley.

Cohn, R. (1988). *Von der Psychoanalyse zur themenzentrierten Interaktion* (8. Auflage). Stuttgart: Klett-Cotta.

Crozier, M. & Friedberg, E. (1979). *Macht und Organisation. Die Zwänge kollektiven Handelns.* Königstein/Ts: Athenäum.

Däfler, M. N. & Rexhausen, D. (1999). *Gut beraten! Erfolgreiches Consulting für Berater und Kunden.* Wiesbaden: Gabler.

Dahrendorf, R. (1968). *Gesellschaft und Demokratie in Deutschland.* München: Piper.

Dauscher, U. (1996). *Moderationsmethode und Zukunftswerkstatt.* Neuwied: Luchterhand.

Derschka, P. & Gottschall, D. (1984). Metaplan. Das Geheimnis der Wolke. *Management-Wissen, 12,* 16–33.

Dickson, D. (2006). Reflecting. In O. Hargie (Ed.). *The Handbook of Communication Skills* (3rd ed., 165–194). London, New York: Routledge.

Dickson, D. & Hargie, O. (2006). Questioning. In O. Hargie (Ed.). *The Handbook of Communication Skills* (3rd ed., 121–146). London, New York: Routledge.

Doppler, K. (2003). *Der Change Manager. Sich selbst und andere verändern – und trotzdem bleiben, wer man ist.* Frankfurt: Campus.

Doppler, K. & Lauterburg, C. (1994). *Change Management. Den Unternehmenswandel gestalten.* Frankfurt: Campus.

Doppler, K. & Trebesch, K. (1984). Funktion und Stellenwert des Kontraktes in der Organisationsentwicklung oder: „Der Ausgang ist oft dort, wo der Eingang war …". *Organisationsentwicklung, 3* (4), 1–13.

Dörner, D. (1995). *Die Logik des Misslingens. Strategisches Denken in komplexen Situationen.* Reinbek: Rowohlt.

Dörner, D. & Burschaper, C. (1998). Denken und Handeln in komplexen Systemen. In H. W. Ahlemeyer & R. Königswieser (Hrsg.), *Komplexität managen. Strategien, Konzepte und Fallbeispiele,* 79–92. Wiesbaden: Gabler.

Exner, A. (2004). Der ungenutzte Raum. In F. Boos & B. Heitger (Hrsg.), *Veränderung – Systemisch. Management des Wandels, Praxis, Konzepte und Zukunft,* 108–113. Stuttgart: Klett-Cotta.

Fairhurst, G. T. & Sarr, R. A. (1996). *The Art of Framing. Managing the Language of Leadership.* San Francisco: Jossey-Bass.

Fisher, R., Ury, W. & Patton, B. (1997). *Das Harvard-Konzept. Sachgerecht verhandeln – erfolgreich verhandeln* (16. Auflage). Frankfurt, New York: Campus.

Flick, U. (1991). Stationen des qualitativen Forschungsprozesses. In U. Flick, E. v. Kardorf, H. Keupp, L. v. Rosenstiel & S. Wolff (Hrsg.). *Handbuch qualitative Sozialforschung,* 147–173. München: PVU.

Foerster, H. von (1985). Entdecken oder Erfinden? Wie lässt sich Verstehen verstehen? In P. Watzlawick (Hrsg.), *Einführung in den Konstruktivismus,* 41–88. München und Zürich: Piper.

Foerster, H. von (1993). *KybernEthik.* Berlin: Merve.

Frank, H. J. (2009). Visualisierungen professioneller einsetzen. In M. Hartmann, R. Besser, & C. Maleh (Hrsg.), *Ergebnisorientiert moderieren. Besprechungen, Versammlungen und Großgruppen,* 93–129. Weinheim und Basel: Beltz.

Freimuth, J. (1991). Über die Wirkung von Unvollkommenheit im Diskurs. Elemente einer innovations- und kooperationsfördernden Redekultur. *Organisationsentwicklung, 10* (3), 36–44.

Freimuth, J. (1996a). Die Ästhetik des Stotterns, Stolperns und Schielens. In J. Freimuth & F. Straub (Hrsg.), *Demokratisierung von Organisationen. Philosophie, Ursprünge und Perspektiven der Metaplan-Idee,* 67–80. Wiesbaden: Gabler.

Freimuth, J. (1996b). Wirtschaftliche Demokratie und moderatorische Beteiligungskultur. In J. Freimuth & F. Straub (Hrsg.), *Demokratisierung von Organisationen. Philosophie, Ursprünge und Perspektiven der Metaplan-Idee,* 19–40. Wiesbaden: Gabler.

Freimuth, J. (1998). Die Gestaltung von Lernprozessen in Projekten – Rollenanforderungen und -konflikte des Projektleiters in wissensbasierten Organisationen. In M. Schwaninger (Hrsg.), *Intelligente Organisationen. Konzepte für turbulente Zeiten auf der Grundlage von Systemtheorie und Kybernetik,* 357–372. Berlin: Duncker & Humblot.

Freimuth, J. (2000a). Kommunikative Architektur und die Diffusion von Wissen. *Wissensmanagement, 3* (4), 41–45.

Freimuth, J. (2000b). *Moderation in der Hochschule. Konzepte und Erfahrung in der Hochschullehre und Hochschulentwicklung.* Hamburg: Windmühle.

Freimuth, J. (2001). Zur Bedeutung von Raum und Zeit bei der Intervention in Konfliktsysteme. *Organisationsentwicklung, 20* (3), 4–15.

Freimuth, J. (2003). The Silent Takeover. Definitionsmacht und Machtdefinition in der Beratung. In M. Zirkler & W. R. Müller (Hrsg.), *Die Kunst der Organisationsberatung,* 15–50. Bern: Haupt.

Freimuth, J. (2004a). Wissen, Wissenslogistik und Logistikwissen. In G. Prockl, A. Bauer, A. Pflaum & U. Müller-Steinfahrt (Hrsg.), *Entwicklungspfade und Meilensteine moderner Logistik. Skizzen einer Roadmap,* 331–379. Wiesbaden: Gabler.

Freimuth, J. (2004b). Kritische oder unkritische Masse? In M. Gust & U. G. Seebacher (Hrsg.), *Innovative Workshop-Konzepte,* 1–26. USP Publishing International.

Freimuth, J. (2005). Zur Kritik an der Organisationsentwicklung – Eine systematische und historische Einordnung. *Organisationsentwicklung, 24* (2), 4–13.

Freimuth, J. & Elfers, C. (1992). Warum sollte man zusammenarbeiten. Zur Logik und Ethik von Kooperation. *Organisationsentwicklung, 11* (2), 34–43.

Freimuth, J., Hauck, O. & Asbahr, T. (2002). Organizational Memory und betriebliche Wissensstrukturen. *Führung + Organisation, 71* (2), 96–104.

Freimuth, J. & Hoets, A. (1995). Mitarbeiterbefragungen – Aktionsforschung, Personalforschung, Aktionsforschung oder was? In J. Freimuth & B. U. Kiefer (Hrsg.), *Geschäftsberichte von unten. Konzepte für Mitarbeiterbefragungen,* 265–273. Göttingen: Hogrefe.

Freimuth, J., Merath, F. & Gropp, U. (2009). *Organisationsentwicklung, 28* (1), 62–69.

Freimuth, J. & Meyer, A. (1997). Evaluation und Personalentwicklungscontrolling. Ein Eiertanz zwischen Legitimation, Wissenschaftlichkeit und Pragmatismus. In J. Freimuth, J. Haritz & B. U. Kiefer (Hrsg.), *Auf dem Wege zum Wissensmanagement. Personalentwicklung in lernenden Organisationen,* 179–189. Göttingen: Hogrefe.

French, W. L. & Bell, C. H. (1977). *Organisationsentwicklung.* Bern: Haupt.

Friedmann, W. (1996). Über das allmähliche Verfertigen der Methode beim Arbeiten. In J. Freimuth & F. Straub (Hrsg.), *Demokratisierung von Organisationen. Philosophie, Ursprünge und Perspektiven der Metaplan-Idee,* 57–66. Wiesbaden: Gabler.

Funda, Z. (1999). *Social Cognition. Making Sense of People.* Boston: MIT.

Gardner, H. (2004). Changing minds. The art and science of changing our own and other people's minds. Boston: Harvard Business School Press.

Geißler, K. A. (2005). *Anfangssituationen. Was man tun und besser lassen sollte* (10. Auflage). Weinheim: Beltz.

Gigerenzer, G. (2007). *Bauchentscheidungen. Die Intelligenz des Unbewussten und die Macht der Intuition* (6. Auflage). München: Bertelsmann.

Glasersfeld, E. von (2002). Abschied von der Objektivität. In P. Krieg & P. Watzlawick (Hrsg.), *Das Auge des Betrachters. Beiträge zum Konstruktivismus,* 17–30. Heidelberg: Carl Auer.

Glasl, F. (1990). *Konfliktmanagement. Ein Handbuch für Führungskräfte und Berater* (2. Auflage). Bern: Haupt.

Gomez, P. & Probst, G. J. B. (1995). *Die Praxis des ganzheitlichen Problemlösens.* Bern: Haupt.

Guba, E. G. & Lincoln, Y. S. (1989). *Fourth Generation Evaluation.* Newbury Park: Sage.

Güttler, A. (2002). Vorhang auf: Wenn Berater präsentieren. In A. Güttler & J. Klewes (Hrsg.), *Drama Beratung! Consulting oder Consultainment?* 196–215. Frankfurt: FAZ.

Haken, H. & Schiepek, G. (2006). *Synergetik in der Psychologie. Selbstorganisation verstehen und gestalten.* Göttingen: Hogrefe.

Hartmann, M., Rieger, M. & Auert, A. (2003). *Zielgerichtet moderieren. Ein Handbuch für Führungskräfte, Berater und Trainer* (4. Auflage). Weinheim: Beltz.

Hartmann, M., Rieger, M. & Funk, R. (2009). Moderationen vorbereiten, den Ablauf planen, Methoden einsetzen. In M. Hartmann, R. Besser & C. Maleh (Hrsg.), *Ergebnisorientiert moderieren. Besprechungen, Versammlungen und Großgruppen,* 37–92. Weinheim und Basel: Beltz.

Heims, S. J. (1991). *The Cybernetics Group.* Cambridge Mass.: MIT Press.

Hofstätter, P. (1957). *Gruppendynamik. Kritik der Massenpsychologie.* Reinbek bei Hamburg: Rowohlt.

Horn, K. P. & Brick, R. (2003). *Organisationsaufstellung und systemisches Coaching.* Offenbach: Gabal.

Jung, D. & Wimmer, R. (2009). Organisation als Differenz: Grundzüge eines systemtheoretischen Organisationsverständnisses. In R. Wimmer, J. O. Meissner & P. Wolf (Hrsg.). *Praktische Organisationswissenschaft. Lehrbuch für Studium und Beruf,* 101–117. Heidelberg: Carl Auer.

Jungermann, H., Pfister, H. R. & Fischer, K. (1998). *Die Psychologie der Entscheidung.* Heidelberg, Berlin: Spektrum.

Klebert, K., Schrader, E. & Straub, W. G. (2002). *Moderationsmethode. Das Standardwerk* (10. Auflage). Hamburg: Windmühle.

Klein, G. (2003). *Natürliche Entscheidungsprozesse. Über die ‚Quellen der Macht‘, die unsere Entscheidungen lenken.* Paderborn: Junfermann.

Kleinbeck, U. (2001). Das Management von Arbeitsgruppen. In H. Schuler (Hrsg.), *Lehrbuch der Personalpsychologie,* 509–528. Göttingen: Hogrefe.

Kleves, J. (2002). Die hohe Kunst des Briefings. In A. Güttler & J. Klewes (Hrsg.), *Drama Beratung! Consulting oder Consultainment?* 130–141. Frankfurt: FAZ.

Königswieser, R. & Exner, A. (1998). *Systemische Interventionen. Architekturen und Designs für Veränderungsmanager.* Stuttgart: Klett-Cotta.

Königswieser, R., Sonuc, E. & Gebhardt, J. (Hrsg.). *Komplementärberatung. Das Zusammenspiel von Fach- und Prozeß-Know-how.* Stuttgart: Klett-Cotta.

Kühl, S. (2002). Visualisierte Diskussionsführung. In S. Kühl & S. Strodholz (Hrsg.), *Methoden der Organisationsforschung. Ein Handbuch,* 243–276. Reinbek: Rowohlt.

Kunz, V. (2004). *Rational Choice.* Frankfurt: Campus.

Lauterburg, C. (1978). Das Hierachie-Syndrom. Organisatorische und menschliche Probleme hierarchischer Strukturen. In K. Trebesch (Hrsg.), *Organisationsentwicklung in Europa* (Bd. 1 A), 337–358. Bern und Stuttgart: Haupt.

Lauterburg, C. (1980). *Vor dem Ende der Hierarchie. Modelle für eine bessere Arbeitswelt* (2. Auflage). Düsseldorf: Econ.

Lencioni, P. (2002). *The Five Dysfunctions of a Team. A Leadership Fable.* San Francisco: Jossey Bass.

Leutner, D. (2001). Instruktionspsychologie. In D. H. Rost (Hrsg.), *Handbuch Pädagogische Psychologie* (2. Auflage), 267–277. Weinheim: PVU.

Lipp, U. & Will, H. (1996). *Das große Workshop-Buch. Konzeption, Inszenierung und Moderation von Klausuren, Besprechungen und Seminaren.* Weinheim und Basel: Beltz.

Löhmer, D. & Standhardt, R. (2006). *TZI – Die Kunst, sich selbst und eine Gruppe zu leiten.* Stuttgart: Klett Cotta.

Lück, H. (2004). Geschichte der Organisationspsychologie. In H. Schuler (Hrsg.), *Organisationspsychologie – Grundlagen und Personalpsychologie* (Enzyklopädie der Psychologie, Serie: Wirtschafts-, Organisations- und Arbeitspsychologie, Bd. 3, 17–72. Göttingen: Hogrefe.

Luhmann, N. (1983). *Legitimation durch Verfahren.* Frankfurt: Suhrkamp.

Luhmann, N. (1984). *Soziale Systeme.* Frankfurt: Suhrkamp.

Luhmann, N. (1998). Die Kontrolle von Intransparenz. In H. W. Ahlemeyer & R. Königswieser (Hrsg.), *Komplexität managen,* 51–76. Wiesbaden: Gabler.

Luhmann, N. (2000). *Organisation und Entscheidung.* Opladen: Westdeutscher Verlag.

Luhmann, N. (2002). Wie lassen sich latente Strukturen beobachten? In P. Krieg & P. Watzlawick (Hrsg.), *Das Auge des Betrachters. Beiträge zum Konstruktivismus,* 61–74. Heidelberg: Carl Auer.

MacLagan, P. & Nel, C. (1995). *The Age of Participation.* San Francisco: Berrett-Koehler.

Malik, F. (1984). *Strategien des Managements komplexer Systeme. Ein Beitrag zur Management-Kybernetik evolutionärer Systeme.* Bern: Haupt.

Malik, F. (2008). *Unternehmenspolitik und Corporate Governance. Wie Organisationen sich selbst organisieren.* Frankfurt: Campus.

Marc, E. & Picard, D. (1991). *Bateson, Watzlawick und die Schule von Palo Alto.* Frankfurt: Anton Hain.

March, J. (1990). Eine Chronik der Überlegungen über Entscheidungsprozesse in Organisationen. In J. March (Hrsg.), *Entscheidung und Organisation,* 2–23. Wiesbaden: Gabler.

Mayer, B. (2007). *Die Dynamik der Konfliktlösung. Ein Leitfaden für die Praxis.* Stuttgart: Klett-Cotta.

Mayrshofer, D. & Kröger, A. (1999). *Prozesskompetenz in der Projektarbeit.* Hamburg: Windmühle.

Meyer, J. A. (1999). *Visualisierung von Informationen Verhaltenswissenschaftliche Grundregeln für das Management.* Wiesbaden: Gabler.

Meyersen, K. (1992). *Die moderierte Gruppe.* Frankfurt: Campus.

Möslein, K. M. (2000). *Bilder in Organisationen. Wandel, Wissen und Visualisierung.* Wiesbaden: Gabler/DVU.

Müller, W. R., Nagel, E. & Zirkler, M. (2006). *Organisationsberatung. Heimliche Bilder und ihre praktischen Konsequenzen.* Wiesbaden: Gabler.

Neuberger, O. (1992). Widersprüche in Ordnung. In R. Königswieser & C. Lutz (Hrsg.), *Das Systemisch-Evolutionäre Management,* 146–167. Wien: Orac.

Neuberger, O. (2003). *Führen und Führen lassen* (6. Auflage). Stuttgart: Lucius & Lucius.

Nijstad, B. A. (2009). *Group Performance*. Hove, New York: Psychology Press.

Nissen, P. & Iden, U. (1995). *Kurskorrektur Schule*. Hamburg: Windmühle.

Nonaka, I. & Takeuchi, H. (1995). *The Knowledge-Creating Company*. How Japanese Companies Create the Dynamics of Innovation. New York, Oxford: Oxford University Press.

Nußbeck, S. (2006). *Einführung in die Beratungspsychologie*. Weinheim: UTB.

Ortmann, G. (2005). *Regel und Ausnahme. Paradoxien sozialer Ordnung*. Frankfurt: Suhrkamp.

Patry, J. L. & Hager, W. (2000). Abschließende Bemerkungen: Dilemmata in der Evaluation. In W. Hager, J. L. Patry & H. Brezing (Hrsg.), *Evaluation psychologischer Interventionsmaßnahmen. Standards und Kriterien*, 258–275. Bern: Huber.

Pekruhl, U. (2001). *Partizipatives Management*. München, Mering: Hampp.

Picot, A., Reichwald, R. & Wigand, R. T. (1996). *Die grenzenlose Unternehmung. Information, Organisation und Management*. Wiesbaden: Gabler.

Prahalad, C. K. (1988). Konzept und Leistungsfähigkeit mehrdimensionaler Organisationen. In G. Reber & F. Strehl (Hrsg.), *Matrix-Organisation*, 107–125. Stuttgart: Poeschel.

Redlich, A. (1997). *Konfliktmoderation*. Hamburg: Windmühle.

Reinhardt, R. & Eppler, M. J. (Hrsg.). (2004). *Wissenskommunikation in Organisationen. Methoden, Instrumente, Theorien*. Berlin: Springer.

Reither, F. (1997). *Komplexitätsmanagement. Denken und Handeln in komplexen Situationen*. München: Gerling Akademie Verlag.

Revers, A. (2004). *Woran Workshops scheitern … und was Moderatoren dagegen tun können*. Hamburg: Windmühle.

Rogers, C. (1981). *Der neue Mensch*. Stuttgart: Klett-Cotta.

Romhardt, K. (2002). *Wissensgemeinschaften. Orte lebendigen Wissensmanagements*. Zürich: Versus.

Rosenstiel, L. v. (2003). *Grundlagen der Führung*. In L. v. Rosenstiel, E. Regnet & M. Domsch (Hrsg.), *Führung von Mitarbeitern* (5. Auflage, 3–25). Stuttgart: Schäffer Poeschel.

Roth, G. (2007). *Persönlichkeit, Entscheidung und Verhalten. Warum es so schwierig ist, sich und andere zu verändern*. Stuttgart: Klett-Cotta.

Roth, W. (2006). Humanistische Konzepte der Beratung. In C. Steinebach (Hrsg.), *Handbuch Psychologische Beratung*, 195–217. Stuttgart: Klett-Cotta.

Rouse, W. B. (1998). *Don't Jump to Solutions*. San Francisco: Jossey Bass.

Rühli, E. (2002). Betriebswirtschaftslehre nach dem Zweiten Weltkrieg (1945 – ca. 1970). In E. Gaugler & R. Köhler (Hrsg.), *Entwicklungen der Betriebswirtschaftslehre*, 111–134. Stuttgart: Schäffer-Poeschel.

Rüsch, J. & Bateson, G. (1995). *Kommunikation. Die soziale Matrix der Psychiatrie*. Heidelberg: Carl Auer.

Ruppel, J. (2009). Kommunikationspsychologie trifft auf Führungskraft – zur Begegnung zweier Welten. In F. Schulz von Thun & D. Kumbier (Hrsg.). *Impulse für Führung und Training. Kommunikationspsychologische Miniaturen*, 15–42. Reinbeck bei Hamburg: Rowohlt.

Sader, M. (2000). *Psychologie der Gruppe* (7. Auflage). Weinheim & München. Juventa.

Sarges, W. (2000). Leistungsverbesserungen bei der Arbeit in Teams – warum Unternehmen dazu eher Berater als Wissenschaftler konsultieren. In E. H. Witte (Hrsg.), *Leistungsverbesserungen in aufgabenorientierten Kleingruppen*, 180–196. Lengerich: Pabst.

Sarges, W. (2002). Skillmanagement. In M. Bellmann, H. Kremar & T. Sommerlatte (Hrsg.), *Praxishandbuch Wissensmanagement*, 529–548. Düsseldorf: Symposion.

Schein, E. (1992). Organizational culture and leadership (2nd ed.). San Francisco: Jossey Bass.

Schein, E. (2000). Organisationsentwicklung: Wissenschaft, Technologie oder Philosophie? In K. Trebesch (Hrsg.), *Organisationsentwicklung. Konzepte, Strategien, Fallstudien,* 19–32. Stuttgart: Klett-Cotta.

Scherm, M. (1998). Synergie in Gruppen – mehr als eine Metapher? In E. Ardelt-Gattinger, H. Lechner & W. Schlögl (Hrsg.), *Gruppendynamik. Anspruch und Wirklichkeit von Gruppen,* 61–69. Göttingen: Hogrefe.

Schievers, J. & Kurzweg, V. (2004). *Seminar-Moderation. Aktivieren und Beteiligen im Seminar.* Hamburg: Windmühle.

Schimank, U. (2005). *Die Entscheidungsgesellschaft.* Komplexität und Rationalität der Moderne. Wiesbaden: VS.

Schimank, U. (2009). Wichtigkeit, Komplexität und Rationalität von Entscheidungen. In J. Weyer & J. Schulz-Schaeffer (Hrsg.), *Management komplexer Systeme. Konzepte für die Bewältigung von Intransparenz, Unsicherheit und Chaos.* München: Oldenbourg.

Schimansky, A. (2006). *Die Moderationsmethode als Strukturierungsansatz effektiver Gruppenarbeit.* Lengerich: Pabst.

Schmidt, E. & Berg, H. G. (1995). *Beraten mit Kontakt.* Handbuch für Gemeinde- und Organisationsberatung. Offenbach/Main: Burckhardthaus-Laetare Verlag.

Schmidt, M. & Vierzigmann, G. (2006). Systemische Ansätze. In C. Steinebach (Hrsg.), *Handbuch Psychologische Beratung,* 218–233. Stuttgart: Klett-Cotta.

Schnelle, E. (Hrsg.). (1981). *Der Informationsmarkt, eine Metaplan-Methode* (Heft 8). Quickborn: Metaplan.

Schnelle, E. (Hrsg.). (1982). *Metaplan-Gesprächstechnik. Kommunikationswerkzeug für die Gruppenarbeit.* Quickborn: Metaplan.

Schnelle, E. & Freimuth. J. (1987). METAPLAN-Methode als Führungsinstrument. In A. Kieser, G. Reber & R. Wunderer (Hrsg.), *Handwörterbuch der Führung,* 1442–1448. Stuttgart: Poeschel.

Schnelle, W. (2002). Moderieren von Verständigungsprozessen – Ein Weg soziologisch orientierter Organisationsberatung. *Führung + Organisation, 71* (5), 284–290.

Schnelle, W. (2006). *Diskursive Organisations- und Strategieberatung.* Quickborn: Metaplan.

Schnelle-Cölln, T. (1983). *Visualisierung, die optische Sprache in der Moderation* (Heft 6). Quickborn: Metaplan.

Schnelle-Cölln, T. & Schnelle, E. (1998). *Visualisieren in der Moderation.* Hamburg: Windmühle.

Schulz, S. & Frey, D. (1998). Wie der Hals in die Schlinge kommt: Fehlentscheidungen in Gruppen. In E. Ardelt-Gattinger, H. Lechner & W. Schlögl (Hrsg.), *Gruppendynamik. Anspruch und Wirklichkeit von Gruppen,* 139–158. Göttingen: Hogrefe.

Schulz von Thun, F. (2006). *Praxisberatung in Gruppen* (6. Auflage). Weinheim: Beltz.

Schulz von Thun, F. (2009). Bin ich ein ‚Trainer‘?! Persönliche Eroberung einer zunehmend anspruchsvollen Rolle. In F. Schulz von Thun & D. Kumbier (Hrsg.), *Impulse für Führung und Training. Kommunikationspsychologische Miniaturen,* 163–204. Reinbeck: Rowohlt.

Schuster, M. & Woschek, B. (1989). Bildhafte und verbale Kommunikation. In M. Schuster & B. Woschek (Hrsg.), *Nonverbale Kommunikation durch Bilder,* 3–22. Stuttgart: Verlag für Angewandte Psychologie.

Schwartz, B. (2004). *The Paradox of Choice. Why more is less.* New York: Harper.

Schwiers, J. & Kurzweg, V. (2004). *Seminar-Moderation.* Hamburg: Windmühle.

Scott, W. R. (1968). Konflikte zwischen Spezialisten und bürokratischen Organisationen. In R. Maintz (Hrsg.), *Bürokratische Organisation,* 210–216. Köln und Berlin: Kiepenheuer & Witsch.

Sencar, P. (2004). Wie innovative Teams funktionieren. Ergebnisse einer Tiefenstudie. In C. O. Velmerig, K. Schattenhofer & C. Schrapper (Hrsg.). *Teamarbeit. Konzepte und Erfahrungen – eine gruppendynamische Zwischenbilanz,* 94–105. Weinheim & München: Juventa.

Senge, P. (1996). *Die Fünfte Disziplin.* Stuttgart: Klett Cotta.

Sherwood, D. (2003). *Den Wald vor lauter Bäumen sehen. Reduktion von Komplexität – Anleitung zum Systemischen Denken im Management.* Weinheim: Wiley.

Simon, F. (1992). ‚Harte‘ und ‚weiche‘ Wirklichkeiten. In R. Königswieser & C. Lutz (Hrsg.), *Das Systemisch-Evolutionäre Management,* 181–190. Wien: Orac.

Simon, F. (1997). *Die Kunst, nicht zu lernen. Und andere Paradoxien in Psychotherapie, Management, Politik.* Heidelberg: Carl Auer.

Simon, F. (2001). *Tödliche Konflikte. Zur Selbstorganisation privater und öffentlicher Kriege.* Heidelberg: Carl Auer.

Simon, F. (2002). Innen- und Außenperspektive. Wie man systemisches Denken im Alltag nutzen kann. In P. Krieg & P. Watzlawick (Hrsg.). *Das Auge des Betrachters. Beiträge zum Konstruktivismus,* 139–150. Heidelberg: Carl Auer.

Simon, F. (2004). *Gemeinsam sind wir blöd!? Die Intelligenz von Unternehmen, Managern und Märkten.* Heidelberg: Carl Auer.

Simon, H. A. (1955). A Behavioral Model of Rational Choice. *Quarterly Journal of Economics, 69,* 99–118.

Simon, H. A. (1981). Entscheidungsprozesse in Organisationen. In H. A. Simon, *Entscheidungsverhalten in Organisationen,* 47–63. Landsberg/Lech: Moderne Industrie.

Simon, F. & Simon-Zech, C. (1999). *Zirkuläres Fragen. Systemische Therapie in Fallbeispielen: Ein Lernbuch.* Heidelberg: Carl Auer.

Simon, P. (2003). Wie sich Gruppen entwickeln: Modellvorstellungen zur Gruppenentwicklung. In S. Stumpf & A. Thomas (Hrsg.), *Teamarbeit und Teamentwicklung,* 35–56. Göttingen: Hogrefe.

Stacey, R. (Ed.). (2005). *Experiencing Emergence in Organizations.* London, New York: Routledge.

Stahl, E. (2002). *Dynamik in Gruppen. Handbuch der Gruppenleitung.* Weinheim: Beltz PVU.

Suter, W. (1999a). Moderation von Gruppen. In Th. Steiger & E. Lippmann (Hrsg.), *Handbuch angewandte Psychologie für Führungskräfte* (Bd. 1: Führungskompetenz und Führungswissen, 380–394). Berlin, Heidelberg: Springer.

Suter, W. (1999b). Arbeitskonferenzen. In Th. Steiger & E. Lippmann (Hrsg.), *Handbuch angewandte Psychologie für Führungskräfte* (Bd. 1: Führungskompetenz und Führungswissen, 395–416). Berlin, Heidelberg: Springer.

Thompson, V. A. (1968). Spezialisierung und organisationsinterner Konflikt. In R. Maintz (Hrsg.), *Bürokratische Organisation,* 217–227. Köln, Berlin: Kiepenheuer & Witsch.

Tomm, K. (1996). *Die Fragen des Beobachters. Schritte zu einer Kybernetik zweiter Ordnung in der systemischen Therapie* (2. Auflage). Heidelberg: Carl Auer.

Trebesch, K. (1996). Moderation: Führung im intermediären Raum. In J. Freimuth & F. Straub (Hrsg.), *Demokratisierung von Organisationen. Philosophie, Ursprünge und Perspektiven der Metaplan-Idee,* 97–107. Wiesbaden: Gabler.

Trebesch, K. (Hrsg.). (2000). *Organisationsentwicklung. Konzepte, Strategien, Fallstudien.* Stuttgart: Klett-Cotta.

Trist, E. & Murray, H. (1990). *Historical Overview: The Foundation and Development of the Tavistock Institute.* In E. Trist & H. Murray (Eds.). *The Social Engagement of Social Science* (Vol. 1: The Socio-Psychological Perspective, 1–38). London: Free Association Books.

Tuckmann, B. E. (1965). Developmental Sequences in Small Groups. *Psychological Bulletin, 63*, 384–389.

Turner, J. R. & Simister, S. J. (Eds.). (2000). *Gower Handbook of Project Management* (3rd ed.). Burlington: Gower Publishing.

Ulrich, H. & Probst, G. (1988). *Anleitung zum ganzheitlichen Denken und Handeln. Ein Brevier für Führungskräfte.* Bern und Stuttgart: Haupt.

Vester, F. (1974). *Das Kybernetische Zeitalter.* Frankfurt: Fischer.

Vester, F. (1975). *Denken, Lernen, Vergessen.* München: DTV.

Vester, F. (1980). *Neuland des Denkens.* Stuttgart: DVA.

Vetter, H. (1999a). Systematisches Problemlösen. In Th. Steiger & E. Lippmann (Hrsg.), *Handbuch angewandte Psychologie für Führungskräfte* (Bd. 1: Führungskompetenz und Führungswissen, 177–208). Berlin und Heidelberg: Springer.

Vetter, H. (1999b). Entscheidungen herbeiführen. In Th. Steiger & E. Lippmann (Hrsg.), *Handbuch angewandte Psychologie für Führungskräfte* (Bd. 1: Führungskompetenz und Führungswissen, 209–228). Berlin und Heidelberg: Springer.

Watzlawick, P. (1986). *Vom Schlechten des Guten. Oder Hekates Lösungen.* München, Zürich: Piper.

Watzlawick, P., Beavin, J. H. & Jackson, D. D. (1982). *Menschliche Kommunikation. Formen, Störungen, Paradoxien* (7. Auflage). Bern: Huber.

Watzlawick, P., Weakland, J. H. & Fisch, R. (1984). *Lösungen. Zur Theorie und Praxis menschlichen Wandels* (3. Auflage). Bern: Huber.

Wegge, J. (2001). Gruppenarbeit. In H. Schuler (Hrsg.), *Lehrbuch der Personalpsychologie*, 483–508. Göttingen: Hogrefe.

Wegge, J. (2004). *Führung von Arbeitsgruppen.* Göttingen: Hogrefe.

Weick, K. E. (1985). *Der Prozess des Organisierens.* Frankfurt: Suhrkamp.

Weinert, A. (1989). Führung und soziale Steuerung. In E. Roth, H. Schuler & A. Weinert (Hrsg.), *Organisationspsychologie* (Enzyklopädie der Psychologie, Serie: Wirtschafts-, Organisations- und Arbeitspsychologie, Bd. 3, 552–580). Göttingen: Hogrefe.

Weinert, A. (2004). *Organisations- und Personalpsychologie* (5. Auflage). Weinheim: Beltz PVU.

Weisbord, M. R. (2000). Der Kontrakt in der Organisationsentwicklung. In K. Trebesch (Hrsg.), *Organisationsentwicklung. Konzepte, Strategien, Fallstudien*, 267–280. Stuttgart: Klett-Cotta.

Wenger, E. (1998). *Communities of Practice. Learning, Meaning and Identity.* Cambridge: University Press.

Wenger, E., McDermott, R. & Snyder, W. M. (2002). *Cultivating communities of practice.* Boston: Harvard Business School Press.

Wenninger, G. (2001). Moderation. In *Lexikon der Psychologie in fünf Bänden*, Band 3, 81–82. Heidelberg und Berlin: Spektrum Akademischer Verlag.

Wiedemann, P. (1991). Gegenstandsnahe Theoriebildung. In U. Flick, E. v. Kardorf, H. Keupp, L. v. Rosenstiel & S. Wolff (Hrsg.), *Handbuch qualitative Sozialforschung*, 440–445. München: PVU.

Willke, H. (1987). Strategien der Intervention in autonome Systeme. In D. Baecker, J. Markowitz, R. Stichweh, H. Tyrell & H. Willke (Hrsg.), *Theorie als Passion*, 333–361. Frankfurt: Suhrkamp.

Willke, H. (1996). *Systemtheorie II: Interventionstheorie* (2. Auflage). Stuttgart: UTB.

Willke, H. (1998). *Systemtheorie III: Steuerungstheorie* (2. Auflage). Stuttgart: UTB.

Wimmer, R. (1988). Das Team als besonderer Leistungsträger in komplexen Organisationen. In H. W. Ahlemeyer & R. Königswieser (Hrsg.), *Komplexität managen. Strategien, Konzepte und Fallbeispiele,* 105–130. Wiesbaden: Gabler.

Wimmer, R. (2004). OE am Scheideweg. *Organisationsentwicklung, 23* (1), 26–39.

Wimmer, R. (2006). Der Stellenwert des Teams in der aktuellen Dynamik von Organisationen. In C. Edding & W. Kraus (Hrsg.), *Ist der Gruppe noch zu helfen? Gruppendynamik und Individualisierung,* 105–130. Opladen: Budrich.

Wohlgemuth, A. C. (Hrsg.). (1995). *Moderation in Organisationen* (2. Auflage). Stuttgart, Wien: Haupt.

Ziegler, A. (1995). Wer moderieren will, muss Maß nehmen und Maß geben: Kulturgeschichtliche Hinweise zum heutigen Verständnis der Moderation. In A. C. Wohlgemuth (Hrsg.), *Moderation in Organisationen* (2. Auflage, 1–12). Stuttgart, Wien: Haupt.

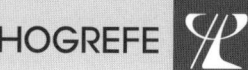